# 漫说

# 产后康复怎么吃

过好每一天 吃对每一餐

王旭峰·主编

吉林科学技术出版社

**图书在版编目（CIP）数据**

漫说产后康复怎么吃 / 王旭峰主编. —长春 ：吉
林科学技术出版社，2022.6
ISBN 978-7-5578-9127-5

Ⅰ. ①漫… Ⅱ. ①王… Ⅲ. ①产妇—妇幼保健—食谱
Ⅳ. ①TS972.164

中国版本图书馆CIP数据核字(2021)第268591号

## 漫说产后康复怎么吃
MAN SHUO CHANHOU KANGFU ZENME CHI

主　　编　王旭峰
出 版 人　宛　霞
责任编辑　王聪会
策划责任编辑　穆思蒙　张　超
封面设计　美印图文
制　　版　上品励合（北京）文化传播有限公司
幅面尺寸　170 mm×240 mm
开　　本　16
印　　张　13
字　　数　260 千字
印　　数　1-8 000 册
版　　次　2022 年 7 月第 1 版
印　　次　2022 年 7 月第 1 次印刷

出　　版　吉林科学技术出版社
发　　行　吉林科学技术出版社
地　　址　长春市福祉大路 5788 号出版大厦 A 座
邮　　编　130118
发行部电话 / 传真　0431-81629529　81629530　81629531
　　　　　　　　　　　81629532　81629533　81629534
储运部电话　0431-86059116
编辑部电话　0431-81629517
印　　刷　长春百花彩印有限公司

书　　号　ISBN 978-7-5578-9127-5
定　　价　59.90 元
版权所有　翻印必究　举报电话：0431-81629517

# 推荐序

    本书是王旭峰老师继《漫说孕期营养那些事儿》后推出的又一部力作，是一本针对产后"月子期"饮食营养和身体恢复的科普性书籍，书中的内容依旧保持了轻松活泼、简单易懂的风格，将形象生动的插画和风趣幽默的语言完美地结合在一起，让读者在快乐阅读的同时获得产后相关的营养知识，让"长知识"变得更生动有趣。

    对于初为人母的新妈妈而言，月子期的营养补充和孕期营养补充同样重要。从顺利分娩到产后42天是产妇补充营养非常关键的月子期。分娩后的新妈妈体力已消耗殆尽，可以先摄入一些流质的、清淡的食物作为产后能量补充的缓冲，待新妈妈肠胃适应了，再逐步转变成常规饮食。

    母乳喂养的新妈妈，产后不仅要为自己补充营养，也要为宝宝补充营养，正所谓"一人吃两人补"，因此新妈妈可以多吃些富含蛋白质、维生素的食物。新妈妈可以食用一些燕窝，从中医角度看，燕窝具有滋阴润燥、补元气、治虚损的功效，而且性平味甘，适合新妈妈产后身体恢复。古书《本草再新》中也曾记载燕窝"大补元气，润肺滋阴"，由此可见燕窝具有滋补之效。

    作为燕之屋燕窝研究院的院长，我致力于研究燕窝对孕产妇的效用。燕窝以富含燕窝酸而出名，而燕窝酸又是人体大脑发育的重要营养素，燕窝作为平补的食物，既适合产后妈妈的饮食需求，又能帮助她们补充营养，调整身体状态。新妈妈经历怀胎十月，又经历生产的辛苦，新妈妈在照顾宝宝的同时，也要照顾好自己。希望这本书能让新手妈妈，还有陪伴在身边的新手爸爸学到更多知识，能更好地养育家里的新成员，迎接崭新的家庭生活。

范群艳

厦门燕之屋生物工程股份有限公司

燕窝研究院院长

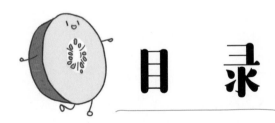

# 目 录

## 产后1~3天：
## 在医院的那几天……

微信扫码
◉ 产后知识百科
◉ 膳食营养指南
◉ 科学育儿早教
◉ 心理健康课堂

## 产后4~7天：我终于出院啦

## 产后第2周：
## 乳汁分泌还好吗

## 产后第3周：
## 吃什么子宫恢复快

## 产后第4周：
## 体力恢复要跟上

## 产后第5周：
## 还原少女肌

## ● 产后第6周：
## 变身超级辣妈

## ● 一口一口吃掉"月子病"

## 附录1：不同职业新妈妈的产后餐 / 194

## 附录2：不同疾病下，新妈妈的产后餐 / 196

# 产后哪些营养缺不得

产后新妈妈需要补充营养，一方面是确保乳汁的分泌，另一方面是补充新妈妈身体恢复和新生宝宝成长所需。产后新妈妈到底应该补充哪些必需的营养呢？

## B族维生素

B族维生素不但可以帮助身体进行能量转换，促进代谢与循环，还可以安定大脑神经，改善新妈妈因不分昼夜喂奶而产生的睡眠质量问题。

绿叶蔬菜、猪肉、牛肉、鱼肉、动物肝脏、蛋类、牛奶等都是富含B族维生素的食物。

## 蛋白质

优质蛋白质是乳汁分泌的助力士，新妈妈不妨适当增加鱼肉、禽肉、蛋类、畜瘦肉、大豆类食品的摄入量。

## 钙

吃辅食前的宝宝营养全部来自妈妈的乳汁，所以新妈妈在产后一定要及时补钙。

产后新妈妈应该延续孕期喝牛奶或奶粉的习惯，继续在饮食上增加钙的摄入量。

## 维生素D

维生素D最大的作用就是促进钙吸收，还可以预防宝宝患佝偻病，促进宝宝骨骼生长。

适当吃些海鱼和动物肝脏可以补充维生素D。补充维生素D还有一个简单的方法——晒太阳。

## 铁

新妈妈因分娩时失血过多，容易造成产后铁不足的问题，所以每日摄入铁的量尽量在20毫克左右。

多吃点猪肝、牛肉、羊肉、鸭血等可以改善因分娩时失血过多造成的贫血。

## DHA

DHA的全名是二十二碳六烯酸，俗称"脑黄金"，是宝宝大脑和视网膜发育必不可少的营养素。

# 剖宫产新妈妈的特殊营养笔记

剖宫产的新妈妈虽然没有顺产的新妈妈在生产时消耗的体力多，但产后恢复却比顺产新妈妈要难得多。你知道，剖宫产的妈妈们需要补充哪些营养吗？

**水 分**
剖宫产的新妈妈在排气后多补水，不仅可以预防产后便秘，还可以促进乳汁分泌。

**维生素C**
剖宫产的新妈妈排气后可以多吃富含维生素C的食物，有利于伤口愈合，预防伤口感染，还可以增强新妈妈的免疫力。

**蛋白质**
多吃一些蛋白质含量高的食物，比如扁豆、瘦牛肉、鱼肉等，可以促进新妈妈身体组织、肌肉和血管的恢复。

**铁**
剖宫产的新妈妈更容易气血不足。铁可以帮助身体产生血红素，所以要多吃一些含铁较高的食物，比如动物内脏、蛋黄、红枣等。

生孩子对每个女人来说都是一件非常"辛苦"的事，对于剖宫产的新妈妈来说，会更"辛苦"一些，因为恢复得相对较慢。为了能够让剖宫产的新妈妈身体恢复得更快、更好，产后的营养补充很重要。

# 原来产后不能吃它们

产后新妈妈的体质比一般人的体质要弱，产后一个星期内的饮食需要格外注意，很多不能吃的东西千万不能碰。

我们是寒凉、生冷的食物，产后新妈妈不能吃。产后新妈妈身体气血亏虚，若进食生冷或寒凉的食物，不利于气血充实，容易导致脾胃消化吸收功能障碍，并且不利于恶露的排出和淤血的去除。

我们是特别咸的食物。我们含盐量太高，容易引起新妈妈体内水钠潴留，造成水肿，并容易诱发高血压。但也不可以不吃盐，因为产后尿多、汗多，排出的盐分也会增多，所以饮食上还是需要补充一定量的盐，使电解质保持平衡。

我们都是酸涩类的食品，新妈妈产后淤血内阻，如果吃了我们，可能会阻滞血行，影响恶露的排出。

我们是巧克力，不论甜、咸还是苦，新妈妈都不能吃。如果你总是吃我，不但会影响食欲，还会造成身体发胖，必需的营养素也会缺乏，不利于产后身体恢复，而且，巧克力所含的可可碱会渗入母乳，并在新生宝宝体内蓄积，可能会损伤宝宝的神经系统，影响宝宝心脏发育，并使其肌肉松弛，排尿量增加，宝宝会有消化不良、哭闹不停、睡眠不稳等症状。

# 产后1~3天：
# 在医院的那几天……

产后前三天，产妇以躺为主，这几天的吃喝尤其要慎重。

多喝小米粥

先排气再吃饭

适量喝红糖水

开奶很重要

温开水要常喝

水果、零食别乱吃

菜里少放点盐

远离烟、酒、茶

# ● 餐前第一步：喝杯温开水

生完宝宝，豆豆妈妈纠结的第一餐

先喝鸡汤，喝米粥，还是喝水呢？

好饿呀，终于可以吃饭啦！

儿媳妇，先喝碗汤暖暖身吧！

妈，我嗓子干，先喝杯水吧！

别喝水了，先喝碗鸡汤，润润嗓子。

鸡汤太油，喝着也不解渴，要不，给我媳妇喝点小米粥吧。

早起喝鸡汤，略显油腻，不利于肠道"呼吸"。小米粥营养丰富、清淡可口，早餐时食用再合适不过了。

多喝温开水，有利于促进新陈代谢，增加皮肤弹性。只是要少量多次地喝，一股脑儿地喝一大杯效果可不好。

产后新妈妈会有便秘的困扰，排便困难不利于产后恢复，甚至会造成会阴侧切时的伤口再次撕裂。饭前喝少量温开水，不但可以清洁肠道，缓解便秘的困扰，还能增加胃液的分泌，刺激食欲。

我用凉开水和热开水兑成温水吧！

# ● 顺产后第一天的三餐

产后新妈妈需要保证摄入充足的营养来补充妊娠、分娩时的营养损耗。充足的营养可以促进各器官、系统功能的恢复，因此，对新妈妈来说，需要在保证营养全面摄入的前提下选择适合的食物。

产后第一天往往疲劳无力，肠胃功能较差，最好是吃点温热、清淡、稀软、易消化的半流质食物。藕粉、鸡蛋羹、蛋花汤、牛奶、小米粥等是不错的选择。

 王老师营养小课堂

- 这些食物比较容易消化，有利于减轻肠胃负担，避免出现产后消化不良等不适。
- 这样汤汤水水的饮食，不但可以及时补充分娩时流失的水分，还可以保护嗓子。
- 鸡蛋含有丰富的蛋白质和多种无机盐，特别容易被肠道吸收，是对产后恢复非常有益的食物。

🎖 金牌月嫂有话说

- 除了正餐，产后第一天还可以适当吃些新鲜水果、素炒青菜等，补充维生素，促进子宫及其他脏器的恢复，还可有效预防便秘的发生。
- 生产后的第一天最好不要进食炖汤类的食物，因为产后第一天排乳并不会那么顺畅，过早喝汤会使乳汁大量分泌，使乳房胀痛，反而容易产生排乳困难等问题。
- 夜间可以加餐，吃些半流质食物即可。

我是煮汤神器！

# ● 剖宫产的新妈妈先排气，后进食

剖宫产的新妈妈术后最少要平躺6小时才可以枕枕头。麻药过劲儿后，肚子上的伤口会开始疼痛，这个时候，家人的帮助和开导是很重要的。

肚子上伤口疼痛是正常的，可以吃点止痛药缓解。

家人要没事勤给新妈妈翻翻身，让她侧着身子躺，背后垫床被子或毯子，使身体和床呈20°～30°角，这样可以减轻身体移动时对伤口的震动和牵拉痛。

剖宫产术后6小时内，麻药作用尚未完全消失前不能吃任何东西，即使口渴也不能喝水，如果实在难受，可以用棉棒沾水润唇。

剖宫产6小时后，可以进食少量的流质食物。可以先喝少量温水，如果没有明显的腹胀现象，就可以慢慢地添加有助于排气的汤。

### ♟ 王老师营养小课堂

剖宫产后饮用温水较佳。水被煮开后，氯气等有害物质挥发了，人体必需的营养物质却没有损耗。与凉白开相比，接近体温的温水更容易被人体吸收，而且不会刺激肠胃。

### 🎖 金牌月嫂有话说

● 米汤：含有丰富的维生素和无机盐，营养充足，还能暖胃补脾。

● 白萝卜汤：能促进伤口愈合、增强胃肠的蠕动，使产妇可以尽早排气、减少腹胀，补充体内的水分，建议产妇在产后1~2天适当喝一些白萝卜汤。

● 一些容易发酵、产气的食物，如豆类以及土豆、山药等淀粉类食物，应该少吃或不吃，以免腹胀加重。

● 等到新妈妈真正排气后才能进食流质或半流质的食物，比如较为黏稠的稀饭、软烂的面条、软饭等。

# ● 不能只喝小米粥

新妈妈产后身体虚弱，月子里需要格外注意饮食调养，小米粥就是补气血很好的食物，尤其是加了红糖和枸杞子的小米粥。

咕咕咕……

还是我爱喝的小米粥吗?

吃饭啦!

是的! 喝小米粥可以补气血，你要多喝点儿。

小米粥调养身体固然好，但不能只食用一种食物，必须做到营养均衡，多种食物搭配着吃，最好是荤素合理搭配。

可是我实在不爱吃别的，喝点小米粥反而更有食欲。

没关系! 熬小米粥时可以加点花生、红枣、红豆等，不仅有利于促进新陈代谢，还不容易引起新妈妈积食。

Tips 小米粥不能和杏仁搭配食用，容易引起腹泻。

# 红糖水趁热喝，但不可过量

新妈妈生产完，医生一般会让新爸爸为新妈妈冲一杯热乎乎的红糖水。红糖可以暖胃，其含有的葡萄糖释放能量快，可以帮助新妈妈尽快恢复元气。

## 红糖的成分

甘蔗或甜菜压榨出来的汁水，以小火熬煮搅拌，让水分慢慢蒸发，促使糖的浓度增高，高浓度的糖浆冷却后凝固，成为固体块状的粗糖，其中未经过脱色处理的糖渣便是红糖。

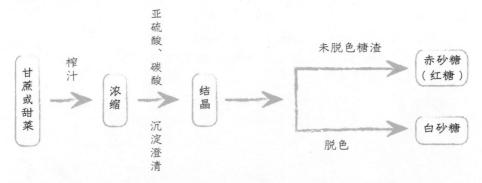

1.红糖中含有葡萄糖、果糖等多种单糖和多糖类能量物质，可为身体快速地提供能量。

2.红糖中含有叶酸及微量物质等，可加速血液循环，刺激机体的造血功能，扩充血容量，有利于调养气血。

3.红糖含有少量的维生素和电解质成分，不仅可以抵抗自由基，还可以通过调节组织间某些物质浓度的高低，平衡细胞内环境的水液代谢，排出细胞代谢产物，维系细胞内外环境清洁。

4.红糖还含有一些天然的酸类物质，有利于预防色素沉积，平衡皮肤内色素分泌数量和色素分布情况，避免色斑出现，有美容养颜的功效。

哇！原来红糖有这么多好处，老公，我想喝红糖水。

好嘞！我这就去准备。

## 红糖水什么时候喝最合适

顺产新妈妈产后即可喝红糖水，剖宫产的新妈妈最好排气后再喝红糖水。

## 红糖水喝得越多越好吗

红糖水可不是喝得越多越好。

首先，红糖的主要成分是糖，喝得太多同样会导致发胖，还会加重口渴。

其次，剖宫产新妈妈喝太多红糖水，容易引起子宫蠕动，使得子宫加速收缩，不利于产后伤口修复。

## 红糖水要喝多久

产后不能长时间喝红糖水。一般来说，10天左右，待血性恶露转为白恶露时，便不宜再服用红糖水了。

Tips　红糖是粗加工食品，难免夹带着杂质、细菌等，所以红糖水一定要煮沸沉淀后再饮用。

## ● 婆婆妈妈开奶餐

让宝宝吃点奶吧!

给宝宝喂点水吧!

宝宝出生后第一口喂水还是喂奶，一直是婆婆和妈妈争论不休的问题。医生给出的建议是，宝宝出生后的30分钟内就需要喝奶，最晚不要超过60分钟。

### 开奶是什么

开奶可不是下奶的意思，而是专指宝宝出生后的第一次喂奶。

如果产后新妈妈没有及时开奶，宝宝很可能会患上"母乳恐惧症"，多半不再喜欢妈妈的奶水，只爱喝奶瓶里的奶粉，可见，成功开奶是母乳喂养顺利进行的基础。

### 早开奶好处多

● 开奶早，宝宝可以第一时间吃到初乳。初乳一般在新妈妈生完宝宝2～3天分泌，初乳中含有的免疫球蛋白、锌等，对新生宝宝的健康成长大有好处。早开奶，产后新妈妈乳汁分泌才能正常，母乳喂养才能顺利进行，新生宝宝获得初乳的可能性就会增高。

● 开奶早，宝宝能及早排胎便。宝宝在妈妈肚子里的时候也会拉"粑粑"，只是无法排出体外，而是储存在肠道中，如果不尽快排出就会影响血液循环。初乳里含有轻泻成分，为了让宝宝尽快排出胎便，新妈妈应尽早开奶，让宝宝吃上母乳。

● 开奶早，新妈妈乳汁分泌会更多。乳汁分泌需要新妈妈身体分泌泌乳素，而宝宝的充分吮吸能够给予新妈妈乳头神经末梢相应的刺激，从而让新妈妈分泌更多的乳汁。

● 开奶早，新妈妈身体恢复快。新妈妈生完宝宝之后，子宫需要尽快"恢复原状"，避免出现产后出血或者感染的情况。尽早开奶，宝宝的吮吸能够加速子宫的收缩，有助于新妈妈产后身体恢复。

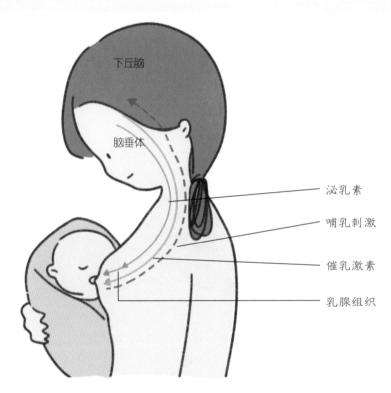

下丘脑

脑垂体

泌乳素

哺乳刺激

催乳激素

乳腺组织

Tips　刚出生的宝宝每隔2～3小时就得吸1次奶，每天保持8～12次的吮吸，有助于分泌乳汁。

## 开奶餐吃起来

荤菜特别容易影响肠胃活动。素菜富含多种维生素，能推动肠胃活动，促进消化，有效避免产后便秘。因而，医生建议新妈妈荤素搭配着吃开奶餐。

刚生完宝宝的新妈妈，肠胃功能变弱，活动量也不多，新妈妈在刚开始哺乳时，最好每天安排5～6次餐次，并且要遵守少吃多餐的原则。

为了确保营养最大限度地被保留下来，也为了更好地促进新妈妈开奶，在烹调方式上也得优化，动物性食物应多以煮或煨为主，蔬菜应用炒的方式烹调。

## 这几天用不着催乳

为了让新妈妈尽快有奶水，喝催乳汤是必不可少的，毕竟奶水迟迟不来或者来得太少，影响的都是新生宝宝。但是，刚生产后的1~3天里，新妈妈是否需要马上催乳呢？

## 宝宝的胃有多大

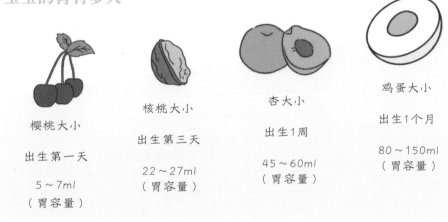

樱桃大小

出生第一天

5～7ml
（胃容量）

核桃大小

出生第三天

22～27ml
（胃容量）

杏大小

出生1周

45～60ml
（胃容量）

鸡蛋大小

出生1个月

80～150ml
（胃容量）

## 产后不宜过早催乳

新生宝宝的胃容量很小，每次的喂奶量不需要太多，第一天单次喂奶量5～10ml就足够了。如果太早催乳，只会导致奶太多喝不完，新妈妈乳房内积蓄多余的乳汁，容易导致乳腺堵塞，进而引发乳腺炎，而且，涨奶会影响新妈妈产后休息，不利于产后恢复。

## ● 刚生完，要不要禁盐

我已经连续两天吃这没有滋味的饭菜了，什么时候我才能吃香喷喷的盐焗鸡、椒盐牛肉呀。

### 清淡饮食 ≠ 不放盐

产后新妈妈饮食需要清淡一些，特别是母乳喂养的新妈妈，宝宝刚出生时，肾脏功能不够完善，新妈妈吃得过咸，盐分容易通过乳汁传输给宝宝，影响新生宝宝的健康发育。新妈妈吃得太咸，自身肾脏也会因超负荷而受损。

但新妈妈产后也不能一点儿盐也不沾，食物过于清淡容易影响新妈妈的胃口，导致食欲不振、营养缺乏。

为了我的宝宝，控盐很重要，少放点盐吧。

多点儿盐，吃饭香！

### 加碘盐更好

碘对脑细胞的发育起着决定性的作用，产后新妈妈适量补碘，可以通过乳汁将碘传输给新生宝宝，有利于宝宝的大脑发育。另外，加碘盐含有碘化物，能保持蔬菜的色泽，所以，产后用盐最好用加碘盐。

# ● 给产后生活加点料

我们也知道，产后饮食需清淡，但一点儿调料都不放也不合理。需要注意的是，并不是所有调料都适合产后新妈妈食用。

### 我喜欢吃卤菜，产后膳食能放酱油吗

优质酱油对疤痕、恶露的影响并不大。酱油是由大豆制作而成的，含有植物性蛋白质，对产后恢复有益，只是哺乳阶段还是少吃为宜。

### 炒青菜，也不能放鸡精、味精吗

鸡精、味精中有很多添加剂，对身体没好处，最好别放。如果实在怕没味道不好吃，可以试试用肉或鸡蛋来炒青菜。

### 无辣不欢的我，少吃点辣也不行吗

辣椒、花椒属于辛辣刺激的调料，新妈妈刚生完宝宝没几天，肠胃功能太弱，吃辣椒刺激的食物容易引起便秘。辛辣刺激的调料也会通过母乳影响宝宝的健康，使得宝宝皮肤出现疹子、肠胃受损。

 其他调料能放吗？
- 茴香不能吃，因为茴香容易回奶。
- 番茄酱、醋、糖等调料，可以视情况适当吃一些，不要过量。

# 产后饿得快，零食来补充

"卸货"以后，饿得特别快，总是想吃点东西，这是怎么回事？饿的时候可以吃零食吗？

分娩消耗太大，孕酮恢复正常，食欲增加很正常。每天可以吃两次点心，也可以吃一些其他种类的零食，但是产后吃的零食一定要健康。

这个我知道，有不少零食都是健康的呢！

## 哪些零食给产后恢复助力

● **水果类**：变着花样多吃一些品种，营养更全面。水果富含多种维生素、无机盐、膳食纤维，能给妈妈和宝宝提供丰富的营养，助力产后恢复。

● **奶类**：哺乳期的妈妈需要更多的优质蛋白质和钙，奶制品正是不二之选。

● **点心类**：产后随身备一些点心可以用来随时补充能量，面包、奶香馒头、花卷都很好。如果不合胃口，也可以备一些饼干，比如苏打饼、威化饼等。

● **干果类**：核桃、松子、葵花子、南瓜子、西瓜子等对大脑神经有益，饿了可以吃一些，对脑神经发育有益。葵花子中富含维生素E，南瓜子营养成分比例均衡，西瓜子富含亚油酸，这些都有助于宝宝的大脑发育。

## 哪些零食给产后恢复帮倒忙

我是爆米花，它是松花蛋，我们都是含铅食物，过量摄入含铅食物不仅损伤新妈妈的神经系统，还容易影响宝宝的大脑发育，使宝宝智力低下哦。

我们是虾条和薯片，属于膨化食品，也是含铅食物。多食用我们会影响人的思维能力，还容易造成大脑损伤。

我们是腊肉和熏鱼。我们都是腌制食物，含有较多的盐，食用容易导致新妈妈水潴留、水肿，严重情况下可能会导致新妈妈产后高血压的发生。

我们是糕点。我们含有大量的糖、盐、反式脂肪酸以及香精、色素和防腐剂等食品添加剂。偶尔适量食用并无大碍，若每天摄入容易影响新妈妈和宝宝的健康。

## 零食什么时候吃都可以吗

作为新妈妈是想吃就吃，还是在固定时间吃零食加餐？

新妈妈如果胃口不太好，为了确保营养的及时补充，想吃就吃点吧，但别吃多了，以免影响正餐的进食。如果你的胃口本来就挺好，建议还是选择固定时间加餐。

**Tips** 水果最好上午或下午加餐时吃。干果和杂粮在早、中、晚或加餐时食用均可。推荐时间分别为早上9~10点，下午3~4点，晚上8~9点。

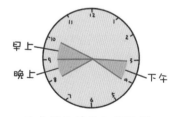

王老师推荐的加餐时间

# ◗ 水果到底能不能吃

水果太凉，容易伤及产后新妈妈的脾胃；水果大多是酸的，月子里吃水果对牙齿不好，但是水果富含维生素和无机盐，又有利于产后身体恢复和乳汁分泌。那么到底该不该吃水果呢？

### 水果确实好处多

● 产后进补多，肠胃负担较大，水果富含膳食纤维，有利于促进肠胃蠕动，帮助消化，预防或缓解产后便秘情况。

● 产后吃得油腻容易导致食欲下降。适当吃点水果，有利于去除油腻、增进食欲。

● 水果富含维生素C，有助于新妈妈产后伤口愈合和康复。

### 水果不全是寒性

水果并不都是寒性的，有很多温和的水果，比如苹果、香蕉、猕猴桃、橙子、樱桃等，营养还很丰富。

即便是寒性水果，也可以换一种吃法来吃，比如蒸着吃或煮着吃，甚至可以用水果煮粥食用。

Tips 月子中吃水果也是有讲究的，吃水果的最佳时间是饭后和两餐之间。如果水果放在冰箱里储藏，一定要提前拿出来放至室温或加热食用。

## ● 离烟、酒、茶越远越好

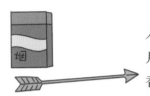

烟里的有害物质会影响泌乳，尼古丁等香烟成分会进入母乳中，影响宝宝的健康，而且，吸烟容易损害肺部，月子里新妈妈的内脏都在恢复期，比较脆弱，所以要远离香烟。

宝宝已经出生，老婆坐月子期间我还是不可以吸烟吗？

月子期正是子宫内膜血管恢复的时间，烟雾里的一氧化氮、尼古丁等物质会损害新妈妈血管内皮，对子宫恢复也有影响。二手烟还会增加新生宝宝患气喘、肺炎的可能。

产后，尤其是月子里喂奶的新妈妈，最好不要饮酒。因为酒精会进入乳汁，伤害新生宝宝。

哺乳的新妈妈哪怕只喝一小杯酒，也有可能抑制乳汁分泌，影响母乳喂养的顺利进行。

如果新妈妈实在忍不住想要喝一点儿酒，也应该在饮酒3小时后，等酒精代谢干净再喂奶。

难道月子酒也不能喝吗？用月子酒烹煮食物也不能吃吗？

月子酒的酒精浓度存在很大的不确定性，应该谨慎饮用。可能有人认为煮沸了就不用担心酒精的问题了，但并非如此。如果煮沸时间低于1小时，可能还会有些许酒精残留。

茶水里面有很多鞣酸，它会影响人体对铁的吸收。新妈妈生产时会有不同程度的出血，产后若是没有摄入足够的铁元素，容易引起或加重贫血，这对产后恢复十分不利。鞣酸还会影响乳腺的血液循环，导致乳汁分泌不足。

如果鞣酸通过奶水进入新生宝宝体内，容易造成宝宝缺铁，不利于宝宝身体发育。茶水中还有咖啡因，通过乳汁被婴儿吸收，容易让孩子出现哭闹以及难以入睡的情况。

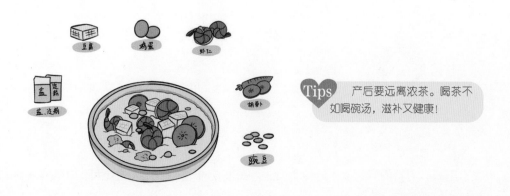

Tips 产后要远离浓茶。喝茶不如喝碗汤，滋补又健康！

# 产后4~7天：
# 我终于出院啦

产后刚出院的那一周，吃点什么呢？

恶露要顺利排出

分娩的伤口急着愈合

瘦身？言之过早

身体得消肿

下奶餐吃起来

鸡蛋不能使劲吃

人参滋补过头了

浓汤适度喝

# ● 客观看待产后身体变化

自从怀了我家大宝，体重直线上升，体型横向发展，苗条的身材从此与我无缘。生下老二之后，身材走样更加明显，可怜了我一整个衣橱的衣裤。看着镜子里的自己，真是难以相信这就是我。

**○ 皮肤暗黄 ○**

产后全身心地照顾宝宝，忽视了皮肤的保养，皮肤变得粗糙、蜡黄、暗沉。

**○ 蓬头垢面 ○**

产后不洗脸、不刷牙、不洗头、不洗澡，看起来不成样子。

**○ 臀肥腿粗 ○**

月子重滋补，脂肪容易堆积，臀部、大腿都会变粗。

**○ 大汗淋漓 ○**

生产时体力消耗过度，产后皮肤排泄功能旺盛，身体会排出大量汗液，夜间睡觉时更明显。

**○ 乳房增大 ○**

怀孕时受孕激素的影响，产后因哺乳所需，乳房明显增大。

**○ 大腹便便 ○**

腹壁皮肤受增大的子宫影响，部分弹力纤维断裂，腹直肌分离，腹壁明显松弛。

**○ 胯部增宽 ○**

受孕激素的影响，耻骨联合和骶髂关节的稳定性变差，胯部变宽。

# 产后身体的隐性变化

媳妇，你怎么
闷闷不乐呢?

我担心身体有看
不见的变化。

啊?

● 子宫：子宫在胎盘娩出后逐渐恢复至未孕状态的全过程称为"子宫复旧"。子宫复旧不是肌细胞数目减少了，而是肌浆中的蛋白质被分解排出，使细胞质减少，肌细胞缩小。子宫复旧大约需要6周的时间。

● 阴道：生产后阴道腔扩大，阴道黏膜及周围组织水肿，阴道黏膜皱襞因过度伸展而减少甚至消失，致使阴道壁松弛、张力变小。

● 外阴：外阴水肿，产后2～3日会逐渐消退。若阴部轻度撕裂或会阴后侧切开并缝合，会在产后7日左右愈合。

● 盆底肌：盆底肌及其筋膜弹性会减弱，还会伴盆底肌纤维的部分撕裂。若盆底肌及其筋膜发生严重撕裂，就会造成骨盆底松弛。

● 胃肠：胃肠蠕动变慢，胃液中盐酸分泌量减少，产后1～2周会逐渐恢复。

● 膀胱：膀胱肌张力降低，对膀胱内压的敏感性也降低，容易引起尿潴留。

# 别光顾着补补补

科学地坐月子，不仅能确保新妈妈获得均衡的膳食营养，还能促进新妈妈尽快恢复身体。不过许多新妈妈经验不足，容易被一些过时的观念左右，月子"坐"得并不尽如人意。

## 鸡蛋吃得越多越补

在一些地方风俗中，新妈妈坐月子每天要吃七八个鸡蛋，这真的好吗？

答案是：不好！

虽然我富含营养，但也不能多吃哦。

### 🏅 金牌月嫂有话说

鸡蛋是广为人知的、有着丰富营养的食材之一，含有丰富的蛋白质、维生素、卵黄素、卵磷脂、胆碱等多种对人体有益的营养成分，适当地补充有利于帮助新妈妈产后恢复、分泌乳汁等，还有利于促进新生宝宝的大脑及智力发育。

### 🏛 王老师营养小课堂

鸡蛋即便营养丰富也不能多吃，否则容易加重胃、肠、肾的负担。建议每天吃2～3个鸡蛋，炒鸡蛋、煎鸡蛋比较油腻，不利于营养吸收，尽量少吃，最好吃蒸鸡蛋、煮鸡蛋等，其吸收消化率可达90%以上，有利于吸收营养。鸡蛋还可以跟富含维生素C、铁的食物一起食用，可有效提高人体对鸡蛋中铁的吸收，有利于产后补血。

## 坐月子喝浓汤

都说浓汤大补，产后新妈妈可以无节制地喝浓汤吗？

答案是：不可以！

我含有大量油脂，喜欢我
也要适度。

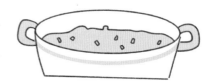

👤 **王老师营养小课堂**

产后奶水足不足是多方面因素互相影响导致的，饮食上的调理并非绝对有用，而且，刚生完孩子的新妈妈肠胃功能比较差、乳腺管通畅度不够，浓汤油脂高，喝得太多，容易引起腹泻或者堵奶，还容易发胖。

🎖 **金牌月嫂有话说**

很多新妈妈认为，在月子里只有多喝浓汤才能下奶，为了宝宝一个劲儿地喝汤。这种想法是不对的。月子里只有适当喝些肉汤、鱼汤，才能促进产褥期新妈妈的身体恢复和乳汁分泌，过量食用只会加重身体负担。

## 食用人参滋补身体

人参补虚。产后那么虚弱，多用人参做汤喝，应该可以吧？

答案是：不可以！

我能补虚，但
不适合产后的你。

👤 **王老师营养小课堂**

人参会促使神经兴奋，新妈妈食用人参后会出现精神亢奋、难以入睡等问题，月子里得不到充分的休息，容易产后抑郁。最重要的一点是，人参会导致新妈妈恶露的排量增加，甚至会导致大出血，危及生命。

🎖 **金牌月嫂有话说**

人参自古以来就有"百草之王"的美誉，不管是食补，还是药用，效果都非常明显。它可以补身体虚损、调理精气和精血、健脾益肺等，但是并不适合新产妇食用。

# 抓住正确的产后身材管理时机

人家明星生完孩子，在月子里就开始瘦身，我们能不能也学学？

我可不敢那么早就瘦身，还是等宝宝断奶了再说吧！

无论顺产还是剖宫产，刚生完宝宝的新妈妈都会身心疲惫、气血亏损，过早瘦身，对身体损伤特别大。但体重基数持续保持在高位，断奶后瘦身也很费劲。怎么办呢？

## 产后瘦身最佳时间

从人体新陈代谢角度看，产后护理得当，从第三个月开始，新妈妈和宝宝的各方面都趋于稳定，均衡饮食足以帮助妈妈恢复元气，还不会影响泌乳，这时新妈妈可以开始控制饮食了。

## 产后这么吃，不怕胖还下奶

- 坚持每天喝一杯牛奶。牛奶富含蛋白质、钙等，能增强新妈妈的体质。
- 多吃一些时令蔬菜，如西红柿、黄瓜、胡萝卜等，这些蔬菜富含膳食纤维、胡萝卜素、维生素C、钙、铁等，不容易使人发胖，对产后恢复有益。
- 每天食用一定的杂粮。燕麦、玉米、小米、红薯、豆类等富含膳食纤维，可以促进排便。
- 剖宫产或顺产伤口痊愈后，可吃一些低脂、营养的鱼类、鸡肉等，不容易发胖，还能补充蛋白质。

# 身体怎么还是肿肿的

亲爱的，怎么了？

我的手脚怎么还是这么肿呢？

亲爱的，别慌，过段时间就会自然消退，
别着急呀，乖！

很多新妈妈会发现自己在产后身体仍然水肿，这是孕晚期遗留下来的问题，生产之后过几天会自行消退。但是有些新妈妈在整个月子都在卧床，导致代谢水分的能力降低，四肢就容易水肿。

饮食能改善水肿吗？

●少吃盐多喝水：食盐中的钠会阻滞水分的排出，造成水肿。产后新妈妈出汗较多，故饮食不仅要清淡，还要多饮水。

●多吃利尿的水果：瓜类、柑橘、香蕉等含有钾，能促进钠盐的代谢，对消除水肿有帮助。

●多吃蔬菜：芹菜、莴苣、西红柿、冬瓜都是消除水肿的能手。

## ● 如何科学护理产后伤口

产后伤口护理和身体恢复有很大关系吗？

据说，做好产后伤口护理，才能更快且更好地恢复身体。

怎么护理啊？

新妈妈在产房里经历的情况各异，生产方式不同，造成的伤口也不一样，护理方法肯定不能一样。

### 顺产后的伤口及护理要点

【伤口详说】

● 自然分娩时胎头或先露部位对阴道组织的冲撞，造成一些伤口较小的表皮损伤，为了止血可能会缝1~2针，产后一般会自行痊愈，无需特殊护理。

● 阴道撕裂伤。根据伤口大小和损伤程度分为1~4级，3级以上的阴道撕裂伤会感到疼痛，可能会影响产后恢复。

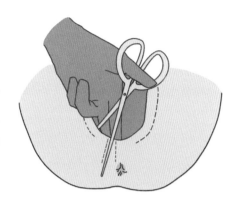

● 会阴侧切和阴道撕裂伤不是一回事。为了避免生产时产妇会阴严重撕裂，医生会进行一个小手术——会阴侧切术。会阴部血管丰富，血液循环较好，伤口愈合快，新妈妈不用担心伤口恢复问题。

【护理要点】

● 保持会阴部的清洁与干燥。产后1~3天应该用10%的私处护理液冲洗外阴，一天2次，直到拆线。

● 出院后如果恶露量还很多，应坚持用流动清水冲洗外阴，每天最少2次；大便后也应立即冲洗，避免伤口污染。

● 勤换卫生巾和内衣裤，以免体液浸湿伤口，发生感染。

● 睡觉或坐位时重心应偏向伤口对侧，避免恶露污染伤口或使伤口受压。拆线后的前几天，避免做下蹲用力动作。

● 伤口痊愈之前，尽量无渣饮食，也就是吃易消化、没有渣滓的食物，如稀饭、蛋羹等，避免形成硬便导致会阴伤口牵扯疼痛。

● 如果外阴伤口肿胀、疼痛，要及时向医生反馈。

## 剖宫产后的伤口及护理

【伤口详说】

剖宫产的切口主要有纵切、横切两种。临床上一般采取下腹横切式剖宫产，其优点是损伤相对小、瘢痕会好看一些，完全恢复的时间大约需要4~6周。

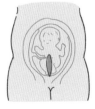
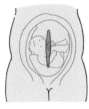
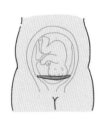

Tips 剖宫产伤口在未来的一年半左右都会是红色瘢痕。如果新妈妈不属于瘢痕体质，术后恢复良好的话，它会逐渐变成白色瘢痕，慢慢就不明显了。

**【护理要点】**

● 剖宫产的新妈妈出院时，医生会给新妈妈剖宫产的伤口贴个敷料包（各地医院叫法不同，有些医院则贴的是"美容胶布"），很多新妈妈担心伤口暴露感染，迟迟不敢去除，其实这个是不必担心的，按照出院时的医嘱即可。

● 有些地方的新妈妈出院时还没有拆线，医生会嘱咐新妈妈在第7天回医院复查伤口，如果新妈妈发现自己缝合伤口的线条出现外露，不要随意抽拽或者用剪刀去剪，需询问医生后再进行处理。

● 出院后也要每天检查剖宫产伤口，保持伤口干燥清洁，做好消毒工作，避免感染，一旦伤口出现了局部的红、肿、热、痛、开裂等现象，或者身体出现不明原因的发热等，应该尽快到医院检查。

## 促进产后伤口愈合的饮食

我媳妇是剖宫产，和顺产吃得是不是不一样？

不管是顺产还是剖宫产，在产后1~2周，新妈妈的饮食原则应以辅助身体尽快排除恶露和修复顺产时阴道撕裂或侧切及剖宫产后的伤口为重点。

如果能科学合理地安排产后1~2周的饮食，对新妈妈的身体恢复很有帮助。

● 食用牛奶、鸡蛋等高蛋白的食物，能促进伤口愈合，还能保证膳食均衡。蔬菜、肉类等要加工成好入口、好消化的菜肴，这样既能保证营养，又不会给新妈妈的肠胃造成负担。

● 伤口未愈合前新妈妈要少吃鱼类，因为鱼类中的有机酸物质能够抑制血小板的凝集，不利于伤口愈合，也就是民间俗称的"发物"。除此之外，一些辛辣刺激的食物也不要在这一时期食用，不利于身体调养，更不利于伤口愈合，也容易引发感染。

## 恶露排出还顺利吗

生完宝宝快1周了，我的恶露还没有排尽，这正常吗？

为了更好地排出恶露，婆婆每天让我喝两三碗红糖水，管用吗？

### 恶露是什么

恶露指分娩后子宫黏膜再生过程中，从阴道排出的变性脱落的子宫黏膜。恶露由坏死蜕膜、血液等混合液体构成，和月经类似。排恶露，其实是在排出子宫内一些坏死的蜕膜组织、阴道分泌物、细菌等，从而帮助子宫复原。

### 恶露排出是否正常

【正常恶露】

有一股淡淡的血腥味，但没有恶臭味，总量大约在500～1000毫升。

●产后1～4天为血性恶露，量多，颜色棕红，含有大量血液、小血块和坏死的蜕膜组织。

●产后4～6天为浆液性恶露，其色转淡，内含血液越来越少。

●产后7天之后为白色恶露，内含大量白细胞、蜕膜组织、表皮细胞及细菌等。

●一般产后3周左右恶露会排净，最长需要6周左右。

**【恶露异常】**

表现为臭味，或者红色恶露、白色恶露过多，持续时间过长，反反复复排不干净。

## 多吃活血化瘀的食物

媳妇，你想吃山楂吗？

太酸了吧？

听说它能帮你排恶露。

多吃活血化瘀的食物，可以帮助新妈妈顺利排出恶露。
赶快吃起来！

**山楂**含有大量的山楂酸、柠檬酸，能够生津止渴、活血化瘀，有利于排出子宫腔内的淤血，排净恶露，减轻腹痛。

**阿胶**具有补血的功效，对子宫也有修复作用，和鸡蛋一起做成汤饮，补虚又止血，有利于改善产后阴血不足、血虚生热引起的恶露过多。

**藕**具有清热凉血、活血的作用，同样有利于促进新妈妈排出恶露。

**红糖**有补血、养血的功效，可以活血化瘀，帮助新妈妈尽快排出恶露。

## 某些药物需遵医嘱服用

恶露排出不太顺利的话，怎么办？

听说可以吃点药呢！就是怕吃错了药，影响哺乳！

是的，有些药物确实可以帮助新妈妈顺利排出恶露，但要遵医嘱。吃药之前可以咨询一下你的产科医生哦！

● 产后可以服用些益母草膏，可促进子宫收缩、活血化瘀，加快恶露排出。

● 产后可以服用五加生化胶囊、新生化颗粒等药物，可活血化瘀。服药期间要注意卧床休息，不要急着下床活动。

● 产后可遵医嘱定时、定量地口服消炎药，比如阿莫西林，避免炎症感染导致恶露排不尽。

## 婆婆妈妈月子餐——【红枣红糖粥】

**材料：** 大米 100克，红枣 30克，红糖 50克。

**做法：**

1. 大米淘洗干净，红枣冲洗一下。

2. 大米加入适量的水，小火煮至八成熟。

3. 加入红枣一起煮，待大米熟透后加入红糖，搅拌均匀后，略煮2~3分钟即可。

### 王老师营养小课堂

红糖有促进恶露排出的功效，红枣也有很高的营养价值，与大米一起食用，可以补脾胃，益气血，活血脉，对产后虚弱、排出恶露有益。为了避免恶露排出不顺，最好不要在产后吃生冷、辛辣、油腻的食物，不易消化的食物也不能吃，以免脾胃生火，不利于恶露排出。

# 产后第2周：乳汁分泌还好吗

产后第1周顺利度过，接下来的一周再接再厉！

乳汁分泌不足

涨奶了

喝汤要不要吃肉    坚持母乳喂养

乳汁需要营养

# ● 分娩后如何判断乳汁够不够

奶水是否充足、奶水是否优质、是否需要额外添加奶粉……这些问题直接关系着宝宝能否健康成长，很多新妈妈都很困惑。

要不要给孩子额外喂些奶粉？

● 当母乳充足时，新妈妈自觉乳房胀痛，甚至有乳汁不由自主地流出来。如果没有任何感觉，则有可能是新妈妈的乳汁分泌不足。

● 如果宝宝哭闹，先检查宝宝是否需要更换尿布或纸尿裤，再让宝宝交替吸吮左右乳房。如果宝宝吃完奶仍哭闹不止，多半是乳汁不够。

Tips  新生宝宝吸吮母乳，5分钟左右就可以吃饱。

● 宝宝的体重增长有医学指标。一般说来，新生宝宝第一周体重可能会较刚出生时下降一些，但从第二周开始，每周体重都会有所增长。只要母乳喂养的新生宝宝体重变化符合下面表格的标准，基本可以确定母乳分泌充足。

| 年龄 | 体重（Kg） | | 身高（cm） | |
|---|---|---|---|---|
| | 男 | 女 | 男 | 女 |
| 刚出生 | 2.9～3.8 | 2.7～3.6 | 48.2～52.8 | 47.7～52.0 |
| 1月 | 3.6～5.0 | 3.4～4.5 | 52.1～57.0 | 51.2～55.8 |
| 2月 | 4.3～6.0 | 4.0～5.4 | 55.5～60.7 | 54.4～59.2 |
| 3月 | 5.0～6.9 | 4.7～6.2 | 58.5～63.7 | 57.1～59.5 |

# ● 催乳正当时

喂，我要请一个催乳师，快！

谢谢你给我做的这些催乳大餐，我家宝宝终于吃饱了！

新妈妈产后第2周了，奶水不够充足，宝宝每天都哭闹不止，睡不安稳，这不仅影响新妈妈的心情，还会严重阻碍宝宝的正常生长发育。此时，我们需要抓紧时间催乳了，饮食催乳是一个很好的选择。

● 新妈妈在确保营养均衡的前提下，可以适当多吃一些富含蛋白质、维生素、无机盐的食物，提高母乳质量。

● 新妈妈可以多喝营养全面的汤水，比如通草排骨汤、茭白猪蹄汤、鲫鱼豆腐汤等，促进乳汁分泌。

● 日常需要保证充足的饮水量，有利于分泌乳汁。

 Tips　经常刺激乳头或按摩乳房，也能促进乳汁分泌。手法上要尽量轻柔。

## 催乳"功臣"

花生具有催乳、补血之效，新妈妈用花生煮粥喝，便可促进乳汁分泌。但花生的脂肪含量较高，新妈妈大量食用后容易引起消化不良，建议每天食用量别超过50克。

丝瓜可以通调乳房气血、催乳等。如果出现乳腺炎症、乳房摸上去有包块、乳汁分泌不畅等情况，不妨将丝瓜络放在高汤内炖煮，若是将丝瓜与鲫鱼、猪蹄、腰花煨汤，喝下不久，乳汁就会多起来。

黄花菜又名金针菜，是萱草上的花蕾部分。它的蛋白质含量几乎与肉类相近，还含有丰富的维生素$B_1$、维生素$B_2$等。如果新妈妈用黄花菜炖瘦肉食用，对产后乳汁不足有很好的功效。

茭白营养也很全面，如蛋白质、维生素$B_1$、维生素$B_2$、维生素C以及多种无机盐等，有利于产后恢复。若是将茭白、猪蹄、通草同煮食用，同样能够催乳。由于茭白性凉，母乳喂养的新妈妈若是脾胃虚寒，容易拉肚子，就不要食用了。

莴笋富含铁等元素，新妈妈乳汁少时可用莴笋烧猪蹄食用，补血、解腻的同时还能催乳，而且比单用猪蹄煮汤的催乳效果好。

豌豆又称"青豆"，含磷量高。豌豆煮熟食用或用豌豆苗捣烂榨汁服用，都有利于促进乳汁分泌。

## 催乳师推荐的美食——【核桃芝麻粥】

材料：大米200克，黑芝麻1小把，核桃仁3~5个。

调料：白糖适量。

做法：

1.大米淘洗干净，核桃仁冷水洗净。

2.锅内放清水、黑芝麻、核桃仁，烧开后放入淘洗干净的大米，大火烧开后改小火煮30分钟左右，再加入白糖续煮3~5分钟即可。

王老师营养小课堂

黑芝麻补血、催乳，核桃补脑又补虚，对产后恢复有利，两者同煮能给宝宝增加"口粮"。

# ● 涨奶了，新妈妈怎么吃

为了让新生宝宝吃饱喝足，很多新妈妈不加节制地吃下奶餐，结果适得其反，涨奶时乳房疼痛难忍，甚至有可能引发乳腺炎。

### 涨奶的普遍症状

● 通常涨奶的乳房会肿胀、变硬而且有疼痛感。如果严重的话，稍微碰一下都会痛。

● 乳头可能会凹陷下去，宝宝难以含到乳头。

● 可能会发生低热。

● 腋窝处可能会出现淋巴肿块。

### 涨奶是怎么回事

【血液及水分增加】

涨奶，顾名思义，就是乳房因增生多余的血液和水分而发生肿胀。新妈妈生产结束后，母体内的泌乳激素含量大幅度增加，刺激人体生成乳汁，因此乳腺等组织开始膨胀。一般生产后的三四天是血液、水分含量最高的时候。

【喂奶间隙过长】

新妈妈若是给宝宝喂奶的时间间隙过长，就会造成涨奶。

【奶水过多】

奶水分泌过多，淤塞在乳房中，宝宝很难一次全都吃掉，乳房就会变得坚硬而且胀痛。新妈妈若因为怕痛而减少喂奶次数，容易造成乳汁停流，加重涨奶问题。

## 涨奶后的饮食

奶水分泌过于旺盛的新妈妈，最好避免吃太过丰盛的营养餐，比如鸡汤、猪蹄汤、鱼汤、豆腐汤等。可以多吃一些新鲜的蔬菜和水果。

## 勤喂奶，避免涨奶

【剖宫产后】

如果出现涨奶，新妈妈此时起身不便，可以由家人帮忙调整一个舒适的躺卧姿势，让宝宝多吮吸乳房。

 剖宫产妈妈可以侧躺着喂奶。

【顺产后】

如果新妈妈出现程度较轻的涨奶，要尽快让宝宝吮吸。可以用热水冲淋乳房，缓解胀痛，也可以用吸奶器将乳汁吸出来，储存在冰箱。

 顺产妈妈可以坐着给宝宝喂奶。

## ● 根据新生宝宝的情况，判断你吃得对不对

对于刚出生的宝宝来说，母乳是最主要的食物来源，新妈妈摄入食物的营养成分会通过乳汁进入宝宝体内。宝宝稍有异常，就需要排查是否与新妈妈的日常饮食有关，尤其要注意一些易过敏的食物。

**乳制品**中潜在的过敏原 β–乳球蛋白会通过母乳进入宝宝体内，宝宝容易出现腹泻、胀气、湿疹等问题。易致敏的蛋白食品包括牛奶、鸡蛋、冰激凌、黄油和乳清蛋白做的人造黄油，新妈妈可以选择吃些瘦肉、坚果等增加营养。

**海鲜蛋白**过敏同样比较常见。宝宝肠道过于脆弱、敏感，可能会出现过敏性皮疹、呕吐、腹泻等症状。哺乳期的新妈妈最好不要食用海鲜，可以用牛肉来补充蛋白质。

**谷蛋白**过敏常见的致敏食品包括大麦、小麦以及啤酒、酱油、糕点等。宝宝极有可能会出现过敏性皮疹、腹泻等不适，新妈妈可以选择藜麦来替代。

# ● 哺乳和非哺乳的新妈妈饭桌大不同

宝宝喝奶粉，我还用像喂母乳的妈妈那样吃每一餐吗？

产后新妈妈无论是否哺乳，都要保证营养均衡且全面。这是因为新妈妈在分娩时已经消耗了大量体力，亏损了不少气血，产后还会大量出汗、排出恶露，同样会损失一部分营养。

## 产后新妈妈的每日餐桌

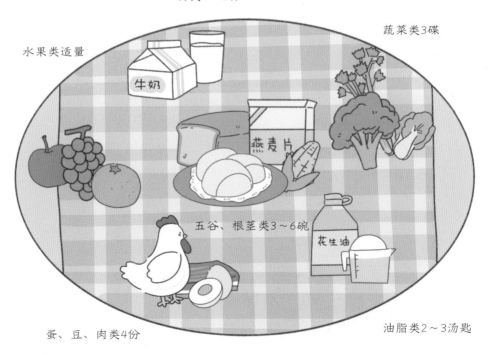

奶类1～2杯

蔬菜类3碟

水果类适量

五谷、根茎类3～6碗

蛋、豆、肉类4份

油脂类2～3汤匙

难道喂母乳和不喂母乳的新妈妈，餐桌上的饮食没有任何区别吗？

当然有所不同啊！

## 母乳喂养怎么吃

● 蛋白质摄入多少直接关系到乳汁分泌的数量和品质，每日蛋白质的摄入以85克为宜。

● 适宜用大豆油、核桃油炒菜。它们富含亚油酸、α-亚麻酸等，有利于宝宝大脑发育。

● 每天钙摄入量要增加至1200毫克，可以喝奶或者吃豆制品、虾皮、海带等食物增加钙摄入量。

● 每周吃一次动物肝脏或动物血，常食瘦肉等补铁食品，避免产后贫血。

## 非母乳喂养怎么吃

即使新妈妈产后并未哺乳，也要吃对产后修复有益的食物，比如红糖水、红豆汤、花生汤、排骨汤、鸡汤、鸽子汤、鱼汤等。

不进行母乳喂养的新妈妈若需要回乳，可以多吃些麦芽粥类的食物。麦芽粥里可以加一些营养食材，如杏仁、核桃仁、牛奶等帮助新妈妈增加营养。

在粥里加点核桃仁或花生，有利于产后恢复哦！

# 提高母乳质量怎么吃

分娩之后，母乳作为宝宝的营养来源，含有宝宝成长所需的重要营养和抗体。母乳的好坏会直接影响宝宝的生长发育，如何提高乳汁的质量也成为新妈妈关心的问题。乳汁需要的营养有哪些呢？

### 乳汁需要铁

产后补铁不足，新妈妈多半会气血不足，宝宝也会贫血，看起来精神较差、面色苍白等。产后新妈妈可以用红枣、花生、黑木耳等煲汤，也可以用猪肝做菜。

### 乳汁需要钙

新妈妈如果钙摄入不足，容易导致乳汁分泌不足，宝宝发育也会迟缓。产后新妈妈要多喝牛奶、多吃豆制品、多用虾皮做汤等，甚至可以额外补充钙片。

### 乳汁需要锌

母乳需要锌，有利于预防宝宝发育不良。新妈妈产后可以多吃点猪瘦肉、牛肉、羊肉、鱼肉、动物肝脏、苹果、草莓、猕猴桃等，还可以用坚果当零食加餐。

### 乳汁需要维生素

许多营养物质需要与维生素作用才有利于人体吸收，例如，维生素$B_1$能促进能量转化，维生素$B_2$能帮助吸收蛋白质。新妈妈产后可以多吃豌豆、坚果等食物。

## 婆婆妈妈月子餐——【黄芪鲤鱼汤】

**材料：** 鲤鱼1条，姜2片，小葱2棵，黄芪10克。

**调料：** 米酒2大匙，盐少许，食用油适量。

**做法：**

1. 姜洗净，切片；小葱切成葱花；鲤鱼去内脏，洗净。

2. 热锅下油，爆香姜片，放入鲤鱼，稍微煎一下。

3. 倒入米酒，加入清水和黄芪，中火煮20分钟，加盐调味，撒入葱花即可。

**王老师营养小课堂**

　　鲤鱼营养丰富，其中蛋白质含量特别高，和豆腐一起食用可以补钙，和金针菇一起食用可以补脑，特别适合产后新妈妈，是补充乳汁营养成分的不错选择。

## 喝汤吃肉，营养加倍

产后喝滋补汤，肉和蔬菜里的精华都融入汤里，剩下的肉和菜还有没有营养呢？只喝汤不吃肉和菜真的有用吗？

### 光喝汤可不行

汤内含有大量的水分，其包含了一些可溶性物质，漂在汤表面的不溶性成分其实是脂肪，其他营养成分并不一定在汤里面。也就是说，汤汤水水里的蛋白质、钙、铁等营养远不及肉和菜本身。

● 肉是由肌肉纤维构成的，其中可溶性的肌浆蛋白、氨基酸、肽类等容易进入汤中，但大部分肌纤维很难溶解出来。

● 一般来说，瘦肉汤、鸡汤中的蛋白质含量仅有 1%～2%，和肉类本身相比，蛋白质含量低太多。

● 煲汤时，肉类中的钙、铁并不容易溶解出来。

人的胃中有胃酸，还有胃蛋白酶、胰蛋白酶、糜蛋白酶等各种酶类，它们能够消化那些并未溶解的大分子蛋白质，把它变成小分子的氨基酸，然后吸收入血。产后新妈妈每天若是只喝点鸡汤、肉汤，而不吃成块的鱼肉、鸡肉和瘦猪肉等，得到的蛋白质总量相对较少，根本起不到补蛋白的作用，就连钙和铁也容易摄入不足。

喝汤吃肉才是健康的选择哦！

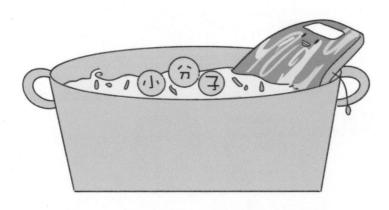

## 喝汤滋补适合哪些新妈妈

**【适合多喝汤的新妈妈】**

产后新妈妈若是食欲不振、消化不良，喝汤不失为一个好的选择。汤中富含的谷氨酰胺和谷氨酸可以被肠道细胞快速利用，提供能量，从而帮助新妈妈改善食欲、提高消化能力。

此时，新妈妈若是吃太多的肉，蛋白质摄入太多，反而容易给肝、肾带来负担。从这个角度看，喝汤确实更适合食欲不振、消化不良的新妈妈。

**【不适合多喝汤的新妈妈】**

对于患有高尿酸血症以及痛风的新妈妈来说，喝浓汤可不是明智的选择。

# 婆婆妈妈月子餐——【荔枝鸡汤】

**材料**：荔枝6颗，老鸡1只，陈皮10克。

**调料**：盐适量。

**做法**：

1.老鸡宰杀，处理干净，剁成肉块，用开水烫一下，捞出。

2.陈皮洗净，捞出，沥水；荔枝洗净，去壳、去核，取荔枝肉。

3.鸡肉块、陈皮放入砂锅内，倒入适量清水，大火烧开后改用小火炖煮。

4.待鸡肉将熟时，倒入荔枝肉，略煮，加入盐调味即可。

**王老师营养小课堂**

　　如果鸡肉吃不完，可以把它撕成细丝，加点笋丝、黄瓜丝，用麻酱汁、海鲜汁等调料汁拌一下，营养不浪费，味道也不错。

# 这样吃促进内脏恢复

宝宝在妈妈肚子里的时候占了很大的空间。宝宝出生以后，新妈妈的内脏和子宫位置都会发生变化，所以产后要格外重视内脏的恢复。

### 胃部恢复，少吃多餐

怀胎十月，胃部空间越来越小，生产之后，胃部会有不同程度的下垂迹象。为了尽量减少胃部负担，新妈妈最好遵守少食多餐的用餐原则，确保多样摄入，营养全面。

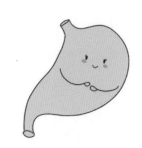

### 肠道恢复，多吃促消化食物

孕后期，原本在腹腔内排列有序的肠道，也会因为胎宝宝变大而被挤得没有规律。生完宝宝以后，新妈妈的肠道还不能很快恢复正常，偶尔会出现便秘不适，所以产后最好还是多吃一些容易消化的食物。

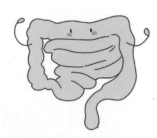

### 膀胱恢复，多补蛋白

顺产时，宝宝经阴道分娩，盆底肌持续性扩张，肌纤维断裂，肌张力下降，造成盆底肌松弛。产后恢复不及时或欠佳，膀胱就可能会因为失去盆底肌的依托，导致膀胱脱垂，出现排尿困难或压力性尿失禁、残余尿增多等问题。多次顺产分娩的新妈妈更容易膀胱脱垂。

产后建议多吃些高维生素、高蛋白质的食物，比如鸡蛋、鸡肉、鱼肉、豆腐等，尽量不要吃辛辣刺激的食物。

Tips 轻微的器官位置变化并不会对身体健康产生直接影响，只要产后注意休息和饮食调养，便可促进内脏恢复。

# 产后第3周：
# 吃什么子宫恢复快

产后第3周要吃对子宫、卵巢好的食物。

衰老与子宫、卵巢都有关

吃对了卵巢保养好　　营养摄入的多少影响子宫恢复

吃对了子宫恢复快

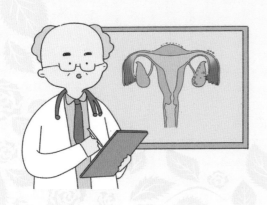

微信扫码
◎ 产后知识百科
◎ 膳食营养指南
◎ 科学育儿早教
◎ 心理健康课堂

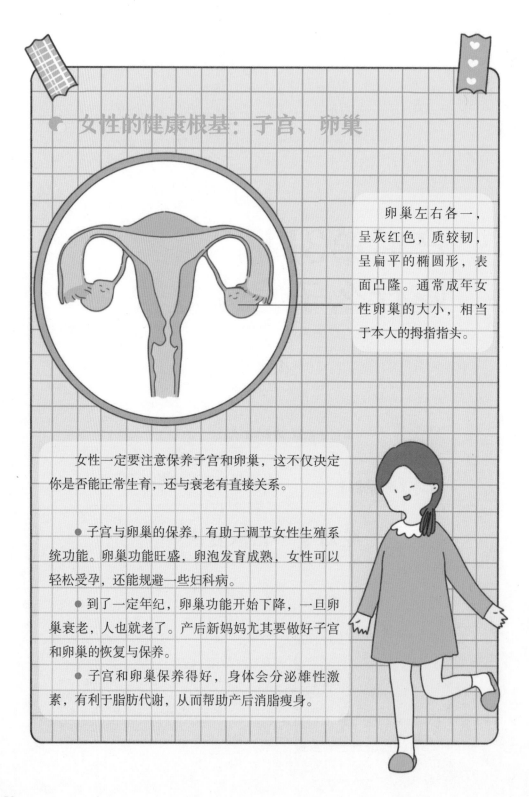

# 女性的健康根基：子宫、卵巢

卵巢左右各一，呈灰红色，质较韧，呈扁平的椭圆形，表面凸隆。通常成年女性卵巢的大小，相当于本人的拇指指头。

女性一定要注意保养子宫和卵巢，这不仅决定你是否能正常生育，还与衰老有直接关系。

● 子宫与卵巢的保养，有助于调节女性生殖系统功能。卵巢功能旺盛，卵泡发育成熟，女性可以轻松受孕，还能规避一些妇科病。

● 到了一定年纪，卵巢功能开始下降，一旦卵巢衰老，人也就老了。产后新妈妈尤其要做好子宫和卵巢的恢复与保养。

● 子宫和卵巢保养得好，身体会分泌雄性激素，有利于脂肪代谢，从而帮助产后消脂瘦身。

## ● 产后子宫恢复的好时机

虽然子宫孕育小生命的使命已经完成，但它不会马上恢复如初。产后子宫恢复的时间到底需要多久呢？一般来讲，产后子宫恢复到原来的大小大约需要6~8周。详细点说，子宫恢复主要包括三方面。

### 子宫体的复原

胎盘排出后，子宫会立即收缩。用手摸腹部，可以摸到一个很硬且呈球形的子宫体。分娩刚结束，它的最高处和肚脐差不多高。之后，它会每天下降1~2厘米。产后2~3周，子宫逐渐变小，一直降到小盆骨腔内，摸腹部就摸不到它了。

### 子宫颈的复原

分娩刚结束，子宫颈充血、水肿，变得非常柔软，子宫颈壁也很薄，皱得有点像袖口。7天之后，它会恢复到原来的形状。10天后，子宫颈内口关闭。产后3~4周，子宫颈恢复正常。

### 子宫内膜的复原

胎膜、胎盘会与子宫壁分离、排出体外。子宫内膜的基底层会长出一层新的子宫内膜；产后10天左右，除了胎盘附着面外，其他部分的子宫腔会全部被新生的内膜覆盖。分娩刚结束时，胎盘附着子宫壁的面积如同手掌般大小；产后2~3周，直径缩小到3~4厘米；产后6~8周基本愈合。

## ● 营养不足或过剩都会影响子宫恢复

不想吃，不喜欢吃这些。

太好吃了！

产后吃得太多、补得太猛，容易营养过剩，造成肥胖，从而影响内分泌系统，影响子宫修复，甚至诱发子宫内膜炎、子宫颈腺囊肿等问题。

产后什么都不想吃，挑三拣四地，体内的钙、铁、维生素和其他微量元素缺乏，容易造成营养不足或营养失衡，影响产后子宫和卵巢修复，甚至会导致子宫和卵巢早衰。

产后营养缺乏，生成气血的原料不足，身体无法排出寒湿，可能出现宫寒。另外，产后营养过剩，脾胃负担过重，运转能力下降，气血也容易亏损，寒湿排不出去，便有可能导致子宫疾病。

## 卵巢保养餐派送中

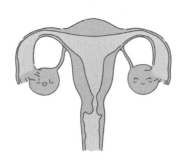

> 我是卵巢，产后的你若是对我不闻不问，我可是会生病的哦！

卵巢是女性身上特有的性器官，主要承担着分泌激素的重任。产后新妈妈一定要先从饮食上做好卵巢的保养，否则可能提前衰老，表现为皱纹增多、白发增多、面部暗黄、皮肤失去弹性、乳房萎缩、身体免疫力低下，甚至情绪不受控制。

### 卵巢保养的好处

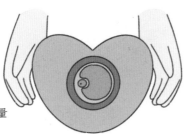

- 改善阴道的润滑度
- 改善阴道的紧致度
- 调节内分泌
- 改善记忆力
- 改善失眠，提高睡眠质量

- 提高性生活质量
- 改善阴唇颜色
- 调节心情
- 改善妇科炎症
- 抗击衰老
- 改善尿失禁

### 卵巢保养宜吃的食物

- 多吃富含维生素E的食物，比如黄豆、黑豆以及各种豆制品，滋养卵巢，延缓它的衰老。
- 多吃富含蛋白质、氨基酸的食物，比如牛奶、鸡蛋、牛肉、羊肉、鸡肉等，保养卵巢。
- 多吃富含维生素C、微量元素的新鲜蔬菜与水果，维持细胞组织的健康状态，滋养卵巢。

### 卵巢保养不宜吃的食物

- 不吃生冷食物，以免血液流通不畅，卵巢功能受损，加速卵巢衰老。
- 不吃高脂肪、高胆固醇的食物，以免卵巢动脉硬化、卵巢萎缩等。

# 婆婆妈妈月子餐——【韭菜炒鸡蛋】

**材料**：韭菜100克，鸡蛋4个。

**调料**：盐、食用油各适量。

**做法**：

1.韭菜择洗干净，切成小段；鸡蛋打散并搅打均匀。

2.油锅烧热，倒入鸡蛋液，待蛋液凝固后盛出备用。

3.锅返回火上，注入少量油，放入韭菜段，加入盐调味，八成熟时倒入鸡蛋，炒匀即可。

### 王老师营养小课堂

鸡蛋是保养子宫与卵巢的优选食物，还能开胃、补血；韭菜是壮阳草，适合新妈妈产后食用。

# 加速子宫恢复的黄金食谱

子宫对女性的一生至关重要，保养子宫得趁早，产后保养子宫更是马虎不得。你知道哪些食物有利于保养子宫吗？

## 保养子宫的营养小分队

**叶酸**是维生素的一种。新妈妈可以适当多吃些富含叶酸的食物，有利于保护子宫、降低女性子宫癌的发生率。

**维生素**是人体维持正常生理功能的有机物质。产后新妈妈要想促进子宫修复、保养子宫，不妨适当补充一些富含维生素的食物。

**钙**属于无机盐的一种。产后新妈妈多吃富含钙质的食物，不仅对宝宝的健康成长有益，还可以降低子宫癌的发生率。

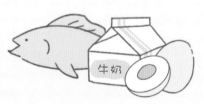

## 保养子宫的食物小分队

**白萝卜**不仅是一种蔬菜，还是一剂良药，人称"地下小人参"。白萝卜水分含量高，维生素C和微量元素含量也不低，而且，医学已经证实，白萝卜有防癌功效，能够有效抑制癌细胞的生长。产后新妈妈可以多吃些白萝卜，促进排气不说，还能帮助子宫修复、积极预防子宫疾病。

**胡萝卜**又称红萝卜。研究表明，平均每周吃5次胡萝卜的女性，患子宫癌的可能性会大大降低。产后新妈妈需多吃胡萝卜，在补充营养的同时，帮助子宫修复。

**谷类食物**含有丰富的维生素E、蛋白质等营养元素。其中，维生素E不仅有抗氧化作用，还能够促进子宫细胞生长，对子宫发育和卵巢健康都有帮助。蛋白质则是构成人体细胞的基本物质，能够保护子宫健康。

常见的谷类食物有玉米、芝麻、大豆、黑豆、大麦、小麦、小米等。

## 月嫂私房饮食攻略

● 在正常饮食的基础上，适当限制脂肪摄入。

● 忌食刺激性食物，如辣椒、酒、醋、胡椒等，这类食品往往容易刺激到子宫，不利于子宫修复。

● 忌食螃蟹、田螺、河蚌等寒性食物，以免宫寒。

我们会影响子宫恢复，不适合产后新妈妈食用。

## 婆婆妈妈月子餐——【当归红枣桂圆粥】

**材料:** 当归、甘草、酸枣仁各 10 克,红枣、桂圆各 5 枚,大米 50 克。

**调料:** 冰糖适量。

**做法:**

1.当归、甘草、酸枣仁放入锅中,水煎取药汁。

2.桂圆去皮,留下果肉,备用。

3.红枣、桂圆肉、大米分别洗净。

4.所有材料一起倒入锅中,再加入药汁,小火熬煮成粥即可。

**王老师营养小课堂**

当归既有抑制子宫平滑肌收缩的作用,又有使子宫平滑肌兴奋的作用,其根据子宫的功能状态,双相调节子宫的平滑肌,是很好的产后药膳食材。产后新妈妈适当吃一些上面的粥品,有利于促进子宫收缩。

## 婆婆妈妈月子餐——【白萝卜粥】

材料：白萝卜半个，大米50克。

调料：红糖适量。

做法：

1. 白萝卜洗净，切片；大米淘洗干净。

2. 白萝卜片放入锅中，加入适量清水煮30分钟。

3. 放入大米，用小火熬煮至米烂汤稠，最后加红糖调味，煮沸即可。

王老师营养小课堂

产后新妈妈食用白萝卜粥，不但有助于排气，还能促进子宫修复哦！

# 产后第4周：
# 体力恢复要跟上

即使马上就要出月子了，饮食也不能马虎。

别忘了补充维生素D

身体发虚正常吗

增强免疫力怎么吃

发汗排寒气

体力也得吃出来

## ● 即将出月子，增强免疫力

你的免疫力下降了吗

产后，新妈妈免疫力低下，经常会感觉疲惫，总是有气无力的。有的新妈妈还会出现胃肠功能紊乱，时常面临胃肠胀气、拉肚子等问题，还有些新妈妈容易感冒、发热、咳嗽等。

## 吃出好体质

产后新妈妈生病也不敢乱吃药，因为母乳容易受药物影响，会间接给宝宝的健康带来隐患。于是，大多数新妈妈想通过饮食调整来增强免疫系统功能，哪些食物对增强免疫力有帮助呢？

### 【富含酶和微量元素的食物】

蜂蜜就是比较常见的富含酶和微量元素的食物之一，营养又美味。它不仅有抗菌、促消化的功效，还能够提高人体免疫力，有效地帮助产后新妈妈抵御外邪的入侵。

### 【含优质蛋白质的食物】

免疫系统需要大量的优质蛋白去合成抗体和白细胞，产后新妈妈不妨多食用些富含优质蛋白的食物，比如蛋类、瘦肉、豆制品等，帮助身体尽快恢复到产前的免疫状态。

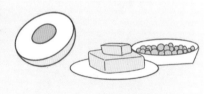

### 【颜色鲜艳的水果和蔬菜】

颜色鲜艳的蔬果，比如金橘、西红柿、菠菜、西蓝花等，富含抗氧化物。这种抗氧化物能够帮助机体免疫细胞抵御不良因素的侵袭，还能增强白细胞扼杀外来微生物的能力。

这类蔬果中维生素C的含量很高，对流感有预防功效，还能帮助患流感的新妈妈迅速康复。

Tips　合理饮食确实能够增强产后新妈妈的身体素质和免疫力，但也不能盲目地进补上面那些食物，以免造成肥胖，反而不利于产后恢复。

## 婆婆妈妈月子餐——【山药黄鳝汤】

**材料：** 黄鳝1条，山药1段，黄芪20克，红枣3颗，陈皮、姜各适量。

**调料：** 盐少许。

**做法：**

1.黄鳝宰杀，处理干净；红枣洗净，去核；山药去皮，洗净，切块；陈皮洗净；姜洗净，切片。

2.所有材料倒入砂锅内，加入适量清水，大火烧开后改用小火炖煮。

3.约1小时后，加入盐调味即可。

### 👤 王老师营养小课堂

黄鳝属于高蛋白食物，适合产后新妈妈身体虚弱时食用，可促进产后恢复。黄鳝还富含多种微量元素，有利于增强细胞的稳定性，维持血管的正常功能，增强机体免疫力。

### 🎖 金牌月嫂有话说

山药处理好以后，建议泡在水里，以免暴露在空气中氧化发黑。

## 婆婆妈妈月子餐——【素炒西蓝花】

材料: 西蓝花200克，胡萝卜、黑木耳各50克，葱花适量。

调料: 盐少许，生抽、食用油各适量。

做法:

1. 西蓝花掰成小朵；胡萝卜削皮，切成菱形片；黑木耳泡发好，撕成小朵。

2. 开水锅里放入西蓝花、胡萝卜片、黑木耳，汆烫后捞起，沥水。

3. 热油锅，放入材料，中火翻炒至熟，加盐、生抽调味，最后撒上葱花即可。

王老师营养小课堂

西蓝花含有大量的抗氧化成分，能增强产后新妈妈的免疫力，对肝脏也有保护作用。西蓝花热量较低，是很好的产后减脂食物。

# 你的专属"发汗餐"

> 快出月子了，刚才还觉得冷飕飕的，这会儿又出那么多汗，我不会是生病了吧？

产后体虚，新妈妈体内产生的热量下降，新妈妈觉得冷也是有可能的。月子里不能受凉，所以月子餐最好有驱寒的功效。

## 驱寒三部曲

● 体寒的新妈妈建议适当用姜、艾草、红糖泡水喝，不仅可以赶走体内的寒气，还能增进食欲。

● 一旦月子里受凉，新妈妈可以用老姜、艾草等泡脚或者泡澡，驱寒效果很明显，泡完要记得保暖哦。

● 为了驱寒，也为了增加身体热量，新妈妈在月子里也可以适当且缓慢地做一些拉伸运动。

**王老师营养小课堂**

为了驱寒排毒，产后新妈妈可以去做"蒸汽发汗"吗？

这种高温发汗法容易使新妈妈严重脱水，体内的盐分和水分失衡，甚至引发"热射病"。热射病属于极度危险的重度中暑，会导致新妈妈出现意识模糊、抽搐痉挛等症。

**Tips** 发汗后要及时补充水分与盐分。如果不及时补充水分和盐分，新妈妈的血液循环会加快，体力消耗更大，身体会更加虚弱。

## 婆婆妈妈月子餐——【胡萝卜莲子生姜粥】

材料：胡萝卜1根，莲子30克，大米50克，生姜10克。

调料：红糖适量。

做法：

1.胡萝卜洗净去皮，切小块；莲子洗净，泡软；生姜切碎。

2.材料一起放入锅中煮成粥，粥熟时倒入红糖拌匀即可。

王老师营养小课堂

生姜、红糖都有祛寒暖身的作用，煮成粥后，营养丰富，特别适合冬天食用。

## 婆婆妈妈月子餐——【姜艾红糖水】

材料： 艾叶 9 克，生姜 2 片。

调料： 红糖20克。

做法：

1.艾叶、生姜一起放入锅中，加水煎煮20分钟。

2.调入红糖，搅拌至溶化为止。

**王老师营养小课堂**

红糖、生姜、艾叶都是温阳祛寒之物，有利于产后恢复。

# 增强体力不用非得吃肉

产后每天都在休息和吃喝，稍微照顾一下宝宝，体力就会很快耗尽。这是为什么呢？

新妈妈若是严重缺乏蛋白质，会直接影响产后恢复，最明显的就是容易累、嗜睡。

补蛋白质就是要多吃鱼和肉吗？我早就吃腻了。

产后肯定要保证蛋白质充足，但也得增加维生素、微量元素的摄入，营养均衡才能真正地增强体力。

另外，蛋白质不只存在于鱼和肉中，很多蔬菜、豆类及豆制品中也富含优质的植物蛋白质。

## 营养笔记

正常饮食的情况下，我们每天摄入的食物含有蛋白质约68克。

● 400克大米或面粉含蛋白质32克。

● 100克畜、禽、鱼类含有蛋白质15克。

● 1个鸡蛋含有蛋白质7克。

● 50克豆类或豆制品含有蛋白质7克。

● 250克奶类含有蛋白质7克。

就摄入这么点儿蛋白质，能够吗？

按照每人每天每千克摄入1克蛋白质来计算，只要你每天吃够了这些，如果你的肠道消化吸收没问题，就足够了。你完全不用额外再补充蛋白质了。

## 不吃肉也能补蛋白

● 豆类含有丰富的蛋白质，如毛豆、豌豆、蚕豆、扁豆、豇豆和四季豆等。

● 不同的蔬菜中蛋白质的含量不一样，叶菜类蛋白质的含量较少，土豆和芋头中含蛋白质相对较高。

● 其他食物也含有蛋白质：黑木耳、干香菇、干紫菜，还有谷类的燕麦、荞麦等蛋白质的含量都比较丰富。

我们是主食，蛋白质含量也挺高的，新妈妈要记得吃我们哦！

## 婆婆妈妈月子餐——【豆腐白菜汤】

**材料：** 豆腐300克，白菜100克，菠菜50克，葱花适量。

**调料：** 盐适量，生抽、食用油各少许。

**做法：**

1. 豆腐切成小块；白菜洗净，切小片；菠菜洗净，切小段。

2. 平底锅烧热油，爆香葱花，放入豆腐块，用中火稍微煎一下，倒入水。

3. 煮沸后，放入白菜片和菠菜段，再次煮沸，加入盐、生抽调味，稍微煮一煮，入味即可。

**王老师营养小课堂**

　　豆腐的营养成分有十几种，最主要的就是蛋白质。专家认为，每100克豆腐里，蛋白质含量大概占了34克。产后新妈妈多用豆腐做菜吃，有利于增强体质，尽快修复身体。

## ● 预防宝宝佝偻病，可补维生素D

婴幼儿需要补充维生素D来预防佝偻病，这已经是众所周知了。一般来说，纯母乳喂养的宝宝需要在出生后15天左右开始补充维生素D，配方奶喂养的宝宝无需额外补充维生素D，因为配方奶中大多强化了维生素$D_3$。

### 佝偻病是什么

佝偻是人体骨骼发育异常的一种病态，通常意义上的佝偻病指的是维生素D缺乏引起的骨钙化障碍。

● 佝偻病早期多见于小婴儿，表现为烦躁易醒、睡眠不安、多汗，并且因为头部多汗，摩擦导致枕后半圈秃发，俗称"枕秃"。

● 佝偻病活动期表现为骨骼的异常，如鸡胸、漏斗胸、肋骨串珠等，严重的还会在手腕和脚踝处隆起形成"手镯""脚镯"，甚至在宝贝站立时，形成"X"形腿或"O"形腿；验血可发现血钙正常或稍低、血磷降低、碱性磷酸酶升高；X光显示长骨钙化带消失、干骺端呈毛刷样改变等。

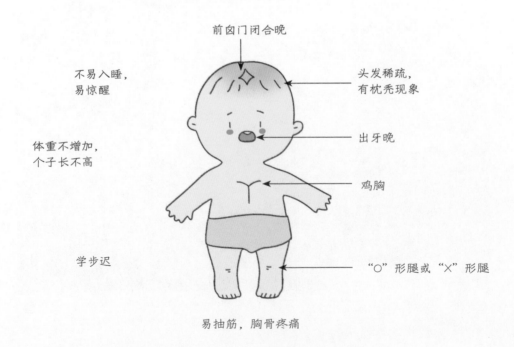

前囟门闭合晚

不易入睡，
易惊醒

头发稀疏，
有枕秃现象

出牙晚

体重不增加，
个子长不高

鸡胸

学步迟

"O"形腿或"X"形腿

易抽筋，胸骨疼痛

## 预防佝偻病，你要这样做

人体补充维生素D，主要靠晒太阳和饮食。

维生素D来源

出生　　　　　天然食物　　　　　日光皮肤合成

晒太阳可以保证人体内部合成维生素D，对于改善维生素D不足而引起的缺钙等情况有明显的改善。

有些食物中也含有丰富的维生素D，产后新妈妈不妨在日常饮食中多吃些，再通过母乳传送给宝宝。

| 富含维生素D的食物一览表 | |
| --- | --- |
| 肉蛋类 | 瘦肉、蛋黄、猪肝、羊肝 |
| 鱼虾类 | 三文鱼、金枪鱼、虾 |
| 果蔬类 | 樱桃、番石榴、红甜椒、黄甜椒、柿子、草莓、橘子、芥蓝、菜花、猕猴桃、蘑菇 |
| 其他类 | 各种坚果、奶酪、牛奶 |

## 维生素D？维生素AD？

如果维生素D摄入量不足，医生会建议您给新生宝宝服用维生素D制剂。常用的维生素D制剂有两类：纯维生素D、维生素AD（俗称"鱼肝油"）。那么，纠结的问题来了——补充纯维生素D还是补充维生素AD呢？

补充维生素D还是补充维生素AD，得根据宝宝身体的具体状况而定。

　　其实，这两类制剂的差别在于多了维生素A。与维生素D一样，维生素A也是脂溶性维生素，存在于肝、脂肪和乳汁内，蛋黄中含量最高。胡萝卜素可以在小肠黏膜和肝细胞内转化成维生素A，所以多吃含胡萝卜素较多的，如胡萝卜、南瓜、西红柿等食物也可以补充维生素A。维生素A除了构成视网膜杆状感光细胞内的感光物质外，还参与维持上皮细胞的完整、促进骨组织的合成、刺激免疫功能等。

我们富含胡萝卜素。胡萝卜素可以转化为维生素A。

　　要不要补充维生素A，需要结合母乳中维生素A的含量而定。一般来说，还是建议适当补充维生素A，所以，产后还是首选补充维生素AD，或者与纯维生素D交替使用。

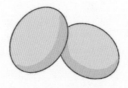

我里面的蛋黄富含视黄醇哦！

## 婆婆妈妈月子餐——【三文鱼原汁面】

**材料**：鲜手擀面300克，三文鱼250克，茼蒿50克，柠檬半个，黄甜椒片少许。

**调料**：黄油、食用油、蚝油、生抽、盐各适量，料酒少许。

**做法**：

1. 三文鱼用盐、生抽腌入味，用平底锅煎至两面金黄，翻面的时候烹入料酒，盖上盖，焖一下后出锅。

2. 锅内放入少许黄油，加热化开，倒入蚝油、水、盐烧开，将柠檬汁挤到锅内，放入煎好的三文鱼，收汁后出锅。

3. 汤锅内加入水，烧开后下入手擀面煮熟，捞出，与三文鱼一起装盘。

4. 黄甜椒片入沸水中汆烫至熟，捞出，备用。

5. 茼蒿去除根部，择洗干净，切成小段，入油锅，大火炒熟，用盐调味，与面、甜椒一同拌食。

**王老师营养小课堂**

　　三文鱼富含人体必需的氨基酸和不饱和脂肪酸，能满足人体对蛋白质的基本需求，有益于新妈妈产后体力恢复。同时，在所有的天然食物中，三文鱼的维生素D含量是最高的，通过母乳传送给宝宝，有利于预防宝宝佝偻病。

## ● 你的身体还发虚吗

头晕是产后虚弱造成的吗？

难道是没坐好月子？

媳妇都快出月子了，下床稍微走动一下，怎么还会头晕呢？

我应该为媳妇做些什么呢？

媳妇什么时候才能不那么虚弱呢？

分娩时，产妇大量出汗，衣服湿透是正常的现象。出汗势必会导致电解质的流失，身体会虚弱很长一段时间。分娩和排恶露会让新妈妈大量出血，同样会使身体变虚弱。

### 身体虚弱的种种表现

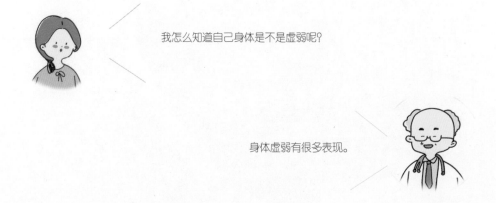

我怎么知道自己身体是不是虚弱呢？

身体虚弱有很多表现。

● 体虚：产后最常见的表现。分娩时失血过多、用力、疼痛、创伤，都会导致新妈妈气血、津液亏损。

● 眩晕：分娩时失血太多，血液不能送达大脑，新妈妈会觉得头晕目眩，有时还伴有食欲不振、恶心、发冷、头痛等症状。

● 多汗：产后体虚会导致出汗过多，新妈妈会自觉口干舌燥。

● 乳房肿痛：很多新妈妈会患急性乳腺炎，表现为乳房胀痛、乳汁结块而排乳不畅、发热和怕冷。

● 小便不利：新妈妈产后气虚，容易引起小便次数增多，甚至排尿不受控制。

## 产后体虚怎么补

乌鸡汤、鸽子汤、鲫鱼汤、炒大虾等，都是产后调理体虚的佳肴。它们的蛋白质、脂肪含量都较高，还含有多种微量元素和维生素，对产后气虚、血虚等均有帮助。

应对产后体虚的症状，饮食调理是非常重要的。乌鸡汤、鸽子汤、鲫鱼汤等，都是产后调理体虚症状常用的食物。这些食物中的蛋白质及脂肪等含量很高，同时也含有一些无机盐和维生素等营养素，能够发挥很好的补气、益血功效，对产后气虚、血虚等症状具有很好的食疗效果。

乌鸡汤，调理
体虚一级棒！

Tips　产后适当地锻炼和充分地休息，也是调理体虚症状很好的办法。
　　在产后，一定要注意按时休息，保证充足的睡眠，但是不能长时间卧床，应当及早下床活动，促进身体康复。

## 婆婆妈妈月子餐——【大虾炒韭黄】

**材料：** 鲜虾250克，嫩韭黄100克，生姜少许。

**调料：** 水淀粉、料酒、酱油、醋、盐、食用油各适量。

**做法：**

1. 虾去除虾线，处理干净，加入水淀粉抓匀。

2. 韭黄洗净，切成段；生姜切成末。

3. 油锅烧热，下虾肉，倒入料酒、酱油、醋、生姜末，快速翻炒，炒至八成熟，装盘。

4. 再一次热锅，倒油，加入韭黄，煸炒片刻，再倒入虾肉，加入盐调味，翻炒片刻即可。

**王老师营养小课堂**

虾肉中蛋白质的含量是鱼、蛋、奶的几倍甚至几十倍，而且还含有丰富的钾、碘、镁、磷等微量元素及维生素A、氨茶碱等成分。它的肉质和鱼肉一样松软，容易消化，是产后新妈妈进补的首选，有利于调理产后体虚。

# 产后第5周：
# 还原少女肌

宝宝满月啦！你可以抽点时间关注一下自己的肌肤了。吃得对，皮肤也能美美的。

脸色苍白

痘痘肌

油光满面

黄脸婆

干得要脱皮

眼角、额头有细纹

皮肤垮垮的

脸上有红血丝

微信扫码

◎ 产后知识百科
◎ 膳食营养指南
◎ 科学育儿早教
◎ 心理健康课堂

## 🍂 脸上长了红血丝

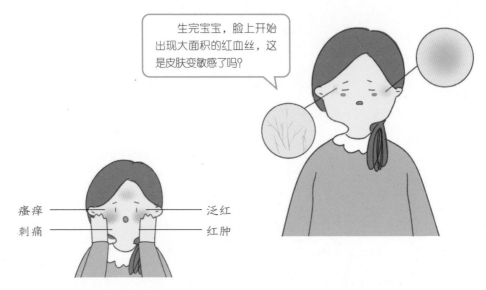

生完宝宝，脸上开始出现大面积的红血丝，这是皮肤变敏感了吗?

瘙痒 —— 泛红
刺痛 —— 红肿

　　脸上出现红血丝是皮肤敏感的一种表现形式。产后身体机能尚未复原，皮肤对外界的抵抗力还很弱，稍微受点刺激就容易出现瘙痒、刺痛、泛红，甚至皮肤大面积出现红血丝。

　　在分娩后，新妈妈内分泌紊乱，雌性激素分泌过于旺盛，激素刺激血管，导致血管扩张，面部也容易出现红血丝。另外，月子中过度进补，营养过剩也可能导致面部出现红血丝。

### 这么吃远离过敏肌

　　● 多吃富含维生素C的食物，比如西红柿、南瓜、芹菜、胡萝卜、红薯等，降低毛细血管的通透性和脆性，缓解皮肤的过敏性红血丝问题。

　　● 多吃含有水溶性膳食纤维的食物，比如芹菜、胡萝卜、青菜、豆类等，促进肠胃蠕动，排出体内毒素及废物，保养皮肤。

　　● 少吃辛辣、刺激性食物，多吃新鲜的蔬菜和水果，调节内分泌平衡。

　　● 尽量避免食用虾、蟹等容易致敏的食物，牛肉、羊肉等发物也要少吃。

**Tips** 用热毛巾和冷毛巾交替敷面，先热后冷，这种方法可以加快肌肤血液循环，提高皮肤血管对外界刺激的耐受能力，使皮肤恢复对温度的快速反应。

# 婆婆妈妈月子餐——【玉米双瓜汤】

材料：苦瓜、玉米各半个，南瓜150克。

调料：盐适量。

做法：

1.所有食材清洗干净，玉米、苦瓜和南瓜分别切成块。

2.处理好的食材放入清水锅中，煮至软烂，用盐调味即可。

王老师营养小课堂

建议所有食材都切小一些，使其熟得更快，更容易入味，便于减少用盐量。

## ● 油光满面略显邋遢

本来皮肤就爱出油，产后新妈妈吃得这么滋补，又很少活动，油光满面的情况更甚从前。如果控油不及时，就容易长痘痘。

### 你属于油性皮肤吗

油性皮肤也就是多脂性皮肤，多见于青年、中年以及肥胖者，其角质层含水量为20%左右，皮脂分泌旺盛，皮肤外观油腻发亮，毛孔粗大，易黏附灰尘，肤色往往较深，但弹性好，不一定起皱，对外界刺激一般不敏感。

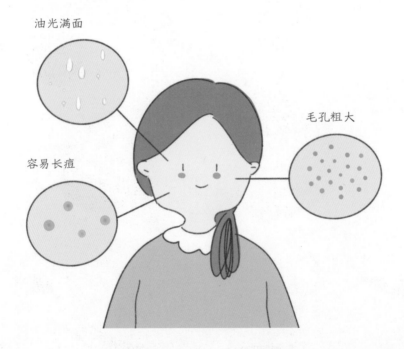

油光满面

毛孔粗大

容易长痘

### 去油要这么吃

● 多吃富含B族维生素、维生素C的新鲜蔬菜、水果，护肤效果明显。

● 坚果、动物内脏、煎炸食物等，热量高、油脂大，尽量少吃。

● 少吃甜品，肥肉、滋补汤适当减量，保持良好的消化功能。

● 多吃一些清热利湿的食物，如红豆、薏米、豆芽、冬瓜、木瓜、山药、苦瓜等。

## 这些细节要重视

### 【保持皮肤清洁】

油性皮肤保养的关键是保持皮肤的清洁，但并不是清洗次数越多越好，一般以一天2次为宜，次数太多反而会刺激皮下油脂的分泌。洁面时，不宜使用太过有清洁性的产品，如果皮肤本身的油脂被清掉了，肌肤自卫机能就会分泌更多的油脂，导致皮肤更加油腻，痘痘更加猖獗。

洁面方法：将洗面奶放在掌心上搓揉起泡，首先仔细清洁T字部位，尤其是鼻翼两侧等皮脂分泌较旺盛的部位。容易长痘的地方，用泡沫轻轻地画圈，仔细清洗局部后再洗整个面部，然后用清水反复冲洗20次以上，使洗面奶没有任何残留。

### 【做好补水工作】

皮肤本身只能分泌油脂，而不能提供肌肤所需的水分，因此需要外界为肌肤注入水分。选择适合自己的补水护肤品，每天早晚洁面之后，轻轻拍在脸部可以抑制油脂的分泌，但尽量不用油性化妆品。晚上洁面后，也可适当地按摩，以改善皮肤的血液循环，调整皮肤的生理功能。

### 【睡眠充足】

充足的睡眠可以让肌肤更加有光泽，而熬夜会让肌肤分泌的油脂过多，让肌肤变得粗糙黯沉，毛孔也日渐变得粗大。所以，良好的睡眠有利于皮肤保养。

Tips　油性肌肤也会因缺水导致。香皂和洗面奶多偏碱性，容易造成肌肤水分丢失，所以要选择偏酸性、泡沫少、较温和的洗面奶。

# 婆婆妈妈月子餐——【红豆薏米汤】

**材料:** 红豆30克,薏米20克。

**做法:**

1.食材洗净,放入锅内,加适量水,小火炖煮30分钟后,取100毫升汁液。

2.继续炖30分钟,再倒出100毫升汁液。混合两次汁液,搅匀即可。

**王老师营养小课堂**

红豆清热解毒、热量不高,可以与薏米、鲫鱼、苦瓜等搭配食用。其对皮肤有控油、补水、保湿的作用。

# 面色苍白，问题到底出在哪

别人生完宝宝之后，脸色都是红红润润的。我的脸色怎么那么苍白！呜呜呜……

## 营养跟不上，容易面色苍白

分娩时出血较多，剖宫产比顺产出血更多，容易引起产后失血性贫血。产后营养跟不上，面色就会略显苍白。

面色苍白，可不只是影响新妈妈的美丽容颜，更重要的是苍白的面色暗示你有贫血的可能性。贫血不仅会延长新妈妈产褥期，使其免疫力下降，还会影响乳汁分泌，导致新生宝宝营养不良。

## 面若桃花饮食方案

● 多吃温补类的食物，比如阿胶、红糖、小米、红枣、山药、花生、黑芝麻、乌鸡等。

● 多吃富含铁质的食物，如动物肝、动物血、牛肉、羊肉、鱼类等。

● 多吃富含维生素C的新鲜蔬果，如柑橘、猕猴桃、西红柿、圆白菜等，可以促进铁的吸收。

多吃这些食物，能使皮肤红润有光泽。

红糖

## 婆婆妈妈月子餐——【阿胶牛肉汤】

材料：阿胶粉15克，牛肉100克，生姜10克，党参20克。

调料：米酒20毫升，红糖适量。

做法：

1. 牛肉洗净，去筋切片；生姜洗净，切片。

2. 牛肉片与生姜片、党参、米酒、适量清水一起煲煮30分钟。

3. 加入阿胶粉，搅拌至溶化，加入红糖，搅匀即可。

**王老师营养小课堂**

阿胶、牛肉、红糖可补血养血，有利于改善产后气血不足引起的面色苍白。

## 和"黄脸婆"说再见

分娩要大量消耗身体能量，还会大量失血，产后护理不当、心情郁闷都会导致新妈妈的脸色发黄、暗淡。

### 一不小心成了黄脸婆

● 分娩后新妈妈的身体各项机能尚未彻底恢复，营养吸收速度慢，身体代谢速度也慢，色素容易沉积。

● 月子里新妈妈摄入过多的胡萝卜素，也会导致脸色发黄。

● 清洁脸部方式不恰当、未彻底清除脸部油脂、睡眠长期不太好、心情总是处于压抑状态等，都会使你成为"黄脸婆"。

### 吃得对，不给黄脸留机会

● 多吃补血养血的食物，比如红枣、山药、红薯、莲子等，改善体虚引起的皮肤暗黄。

● 多吃富含维生素C和微量元素的蔬菜，勤补水，帮助身体排出毒素，改善产后蜡黄色皮肤。

● 多补充优质蛋白质、铁等食物，帮助人体造血，使脸色红润、有光泽。

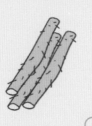

生完宝宝，脸色发黄，我得好好护肤，面膜、润肤霜统统用上！

## 婆婆妈妈月子餐——【山药莲子红枣粥】

材料：山药100克，红枣2颗，莲子、大米各30克。

调料：白糖少许。

做法：

1.山药去皮，洗净后切块；莲子、红枣分别洗净；大米淘洗干净。

2.所有食材倒入砂锅内，加入适量水，大火煮沸后改用小火熬煮成粥，加白糖调味。

**王老师营养小课堂**

每天吃几颗红枣，可补气养血，有利于改善气血不足所致的面色姜黄。

## 改善妊娠纹问题的营养方案

很多女性在经历十月怀胎以及生产之后，身上会留下难以抹除的痕迹——妊娠纹。生产后妊娠纹为何还会存在？难道永远不能消除了吗？

### 妊娠纹多半孕期就出现了

怀孕后，孕妈妈体内激素开始改变，影响了皮肤纤维细胞的发育，阻碍皮肤细胞的新陈代谢，使促成纤维细胞合成的弹力纤维和胶原蛋白减少，导致皮肤变薄。

随着怀孕月份的增大，孕妈妈体重也在悄悄增加，皮肤会随着脂肪和肌肉等皮下组织被逐渐拉伸，导致真皮层结缔组织损伤，胶原纤维和弹性纤维被破坏，从而产生条纹状的皮肤损害。

## 妊娠纹长什么样

● 怀孕时的妊娠纹大多呈红色或紫红色，摸起来甚至有凸起的感觉，也可能会感觉到轻微瘙痒，类似于发炎的反应。

● 产后，纹路会萎缩，变成白色，就像瘢痕一样，摸起来会有凹下去的感觉。凹下去的部位，就是皮肤变薄处。

妊娠纹多见于腹部，也可出现在臀部、大腿、胸部等部位。

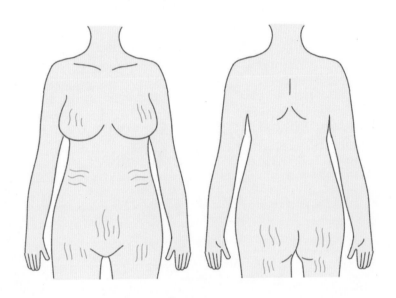

产后还有这么明显的妊娠纹，这可怎么办呀？

别担心，妊娠纹可以慢慢淡化，先从饮食和生活细节入手吧！

## 妊娠纹可以通过饮食而改变

● 孕期、产后都不宜吃太多，若是体重增长过快，会加速皮肤弹力纤维的断裂。若是摄入的脂肪过多，更容易导致妊娠纹的出现。

● 孕期、产后都要多吃富含蛋白质、多种维生素的食物，比如鱼类、瘦肉、猪蹄、各种蔬菜和水果，有利于增强皮肤弹性，预防或改善妊娠纹。

● 孕期、产后都要控制甜品和油炸食物的摄入。摄入糖分和脂肪含量过高，对肌肤会造成伤害。

● 孕期、产后每天早晚可以喝一杯脱脂牛奶，吃纤维素含量高的蔬菜和水果，有利于增加细胞膜的通透性，促进皮肤的新陈代谢。

● 孕期、产后都要多吃富含维生素E的食物，比如卷心菜、葵花子油、菜籽油等，对皮肤有抗衰老的功效，可使皮肤光滑、细润。

> 妊娠纹，离我远一点！

**Tips** 孕期、产后每天洗澡后，在肚皮上涂抹优质及滋润度高的护肤油，增强皮肤的延展性。也可以使用橄榄油，配以适当按摩，促进皮肤的新陈代谢和局部的血液循环，增加皮肤的弹性。
孕期、产后适当运动可以增加皮肤的抗牵拉能力，增加腹部肌肉和皮肤的弹性，预防妊娠纹的产生。

# 婆婆妈妈月子餐——【鳕鱼豆腐汤】

**材料：** 鳕鱼300克，豆腐100克，香菜碎10克，姜末、蒜末各20克。

**调料：** 盐、食用油各适量。

**做法：**

1. 鳕鱼洗净，切片，用盐涂抹腌制15分钟。

2. 豆腐切小块。

3. 锅入油烧热，爆香姜末、蒜末，放入鳕鱼片、豆腐块，倒入适量清水。

4. 大火煮沸后改用小火煮熟，调入盐，稍煮入味。

5. 撒上香菜碎即可。

**王老师营养小课堂**

　　鳕鱼吃起来味道鲜美，营养价值极高，尤其是其富含的胶原蛋白具有保护肌肤的作用。常吃鳕鱼可滋润肌肤，保持皮肤的湿润与弹性。

# 助力皮肤恢复弹性

产后皮肤会慢慢变松弛，难道我也难逃提前衰老的厄运吗？

### 测测你的皮肤是否松弛

第一步：抬头，举起镜子观察自己的面部容貌。

第二步：低头观察镜中自己的面部容貌。

第三步：平视镜中自己的容貌。

若第一步中的皮肤明显比第三步中的皮肤紧致许多，而第二步中的皮肤与第三步中的皮肤相差不多的话，说明你已经有了明显的肌肤松弛现象，这三步的皮肤状态相差越小，说明皮肤越紧致。

### 皮肤松弛是怎么回事

皮肤松弛是人体衰老的一种表现。产后新妈妈气血亏虚得厉害，照顾新生宝宝过于劳累，使得面部皮肤的胶原蛋白逐渐减少，皮下组织脂肪层也变得松弛、缺乏弹性，外加皮肤支撑力下降、重力等因素，使得皮肤松弛下垂。

【表现形式】

眼袋鼓出，泪沟出现；面中部平整，缺失圆滑曲线；颞部凹陷，脸部呈方形。

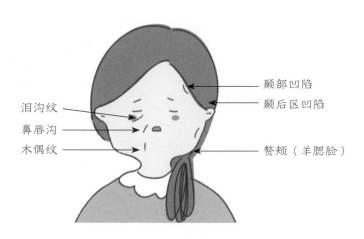

泪沟纹

鼻唇沟

木偶纹

颞部凹陷

颞后区凹陷

赘颊（羊腮脸）

## 注意日常防晒

紫外线是皮肤最大的敌人，它会让胶原蛋白和弹性蛋白劣化，所以，外出时一定要注意防晒。可以涂抹抗UV（紫外线）防晒乳，使用遮阳伞、遮阳帽、手套等，保护皮肤不受到紫外线伤害。

## 规律作息，积极锻炼

规律作息，保证充足而优质的睡眠是使皮肤保持年轻最简单的方法，同时，建议新妈妈们积极锻炼身体，比如做做瑜伽、跳跳健美操等，可以促进血液循环，让肌肉紧致，有足够的力量来支撑皮肤，改善皮肤松弛的状态。

产后新妈妈一旦发现皮肤不再紧致，就要赶紧采取措施，怎么办呢？饮食调理是最直接的办法！

## 皮肤越吃越紧致

### 【适当喝水】

人体组织液里含水量达72%。当人体水分减少时，皮肤会变干燥，皮脂腺分泌减少，使皮肤失去弹性、变得松弛下垂。为了保证水分的摄入，每日饮水量应为1500毫升以上。

新妈妈早上起床后，可以先喝一大杯温水，有助于刺激肠胃蠕动，使内脏进入工作状态。如果新妈妈产后被便秘所扰，不妨在温水里加点盐，可改善便秘症状。

需要注意的是，产后第1周最好不要喝太多水，因为如果在第1周不能"利水消肿"，可能会影响产后的恢复。

## 【常吃富含维生素C的食物】

新妈妈要多吃一些富含维生素C的水果，如橙子、猕猴桃、草莓等，可保护细胞不受紫外线伤害、中和游离自由基，从而合成胶原蛋白，改善皮肤易长皱纹和松弛下垂等问题。

## 【增加碱性食物的摄入】

日常生活中所吃的鱼、肉、蛋、粮谷等均属于酸性食物。酸性食物会使体液和血液中乳酸、尿酸的含量增高。当有机酸不能及时排出体外时，就会侵蚀敏感的表皮细胞，使皮肤失去细腻和弹性。为了中和体内酸性成分，最好多吃些碱性食物，如苹果、梨、柑橘和绿叶蔬菜等。

## 【多吃富含胶原蛋白和弹性蛋白的食物】

皮肤主要由胶原蛋白和弹性蛋白构成，前者主硬度，后者主韧度。两种蛋白又由无数个氨基酸组成，这些氨基酸就像一张网，当女人怀孕到八九个月时，皮肤会因过度伸拉而失去韧性，导致皮肤松弛。

适当地补充胶原蛋白能使细胞变得丰满，从而使肌肤充盈，皱纹减少；补充弹性蛋白可增强皮肤弹性，使皮肤光滑、紧致。富含胶原蛋白和弹性蛋白多的食物有猪蹄、动物筋腱、猪皮等，但是也不能盲目地补充胶原蛋白，最好咨询医生后再适量补充。

我是胶原蛋白，想变得和我一样美丽吗?

# 婆婆妈妈月子餐——【猪皮木耳汤】

**材料：** 猪皮150克，水发黑木耳50克，油菜50克，葱、姜各10克。

**调料：** 盐、酱油、食用油各适量，大料少许。

**做法：**

**1.** 猪皮清洗干净，放入沸水中氽烫一下，捞出，沥干水分，切成丝。

**2.** 油菜洗净；黑木耳撕成小朵；葱切段；姜切片。

**3.** 油锅烧热，炒香葱段、姜片，倒入清水，加入大料、猪皮丝，水煮沸后，撇去浮沫。

**4.** 转小火煮约40分钟，捞出猪皮丝，沥水，备用。

**5.** 另起锅注水，加入黑木耳、油菜、猪皮丝，开锅后加入酱油、盐调味即可。

### 王老师营养小课堂

　　不少女性爱吃猪皮，主要是因为它含有丰富的胶原蛋白，对人的皮肤、筋腱、骨骼、毛发均有好处。

# 让皮肤保持湿润

产后新妈妈气血本来就很亏虚，每天还要忙着照顾出生不久的小宝宝，很容易忽视自身的皮肤保养，时间久了，皮肤就会变得缺水。冬季坐月子的新妈妈，更应该注意皮肤保湿。

## 皮肤干燥怎么吃

● 多吃富含多种维生素的蔬果，补充水分很有效果。

● 多吃养血润肤的食物，如银耳、杏仁、百合、黑芝麻等，调理脾胃，让皮肤水润有光泽。

● 少吃有刺激性的食物，比如辣椒等，以免加重皮肤干燥问题，使皮肤变得暗黄无光。

## 皮肤要水润，这些细节得注意

### 【注意改善环境，室内可使用加湿器增加湿度】

为缓解皮肤干燥，我们要设法提高室内空气湿度。一般来说，空气湿度保持在50%以上对皮肤最好，如果空气湿度低于50%，可以用加湿器来增加室内空气的湿度；如果没有加湿器，也可以在房间里挂几条湿毛巾，或是早晚多拖几次地板来防燥保湿。

### 【加强体育锻炼，促进气血通畅】

运动可以健脾养肺，促进人体的血液循环，保持体内旺盛的新陈代谢，有助于滋润皮肤，防止皮肤出现干燥、瘙痒、脱皮等不适症状。皮肤干燥的新妈妈可以适度地锻炼，如散步、慢跑、跳绳等，简单易行，都是不错的选择。运动的程度以全身稍微出汗为宜。

### 【生活规律，放松心情】

工作疲劳、睡眠不足等不仅有害身体健康，还会使肌肤失去活力，容易出现肌肤变粗糙、干燥的现象，所以，保持规律的生活习惯，劳逸结合，对改善皮肤干燥很重要。

和皮肤干燥、起
皮、瘙痒说再见。

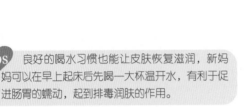

Tips 良好的喝水习惯也能让皮肤恢复滋润，新妈妈可以在早上起床后先喝一大杯温开水，有利于促进肠胃的蠕动，起到排毒润肤的作用。

## 产后也要做好日常皮肤护理

● 在选用洁肤品时，宜用不含碱性物质的膏霜类洁肤品，用温水洗脸。有时也可不用洁肤品，只用清水洗脸即可。

● 护肤品应选择刺激性低、滋润度高、具有保湿作用的护肤乳液或乳霜。

● 可选用补水的面膜敷脸。一般情况下，敷面膜只需15～30分钟即可。

● 如果是长期待在空调房或暖气房里，可以在房间放一盆水或使用补水喷雾及时补水，不让皮肤变干燥。

● 洗澡时间不宜过长，水温保持在39℃左右。不要经常搓澡，以免破坏皮肤表面的皮脂膜。可选用中性或弱酸性且不含香精、防腐剂等化学刺激成分的沐浴液。洗完澡后，趁皮肤还未全干时涂上滋润皮肤的乳液或护肤品，更能锁住皮肤水分。

保湿霜可使
皮肤变水润。

## 婆婆妈妈月子餐——【银耳莲子红枣汤】

材料：干银耳、莲子、红枣各30克。

调料：冰糖适量。

做法：

1. 干银耳用温水浸泡20分钟，去蒂，撕成小朵；将红枣、莲子洗净。

2. 所有食材放入砂锅中，倒入清水，先用大火煮沸，再转为小火慢炖25分钟左右，放入冰糖至溶化即可。

王老师营养小课堂

银耳富含胶原蛋白，做汤食用，可给产后新妈妈的肌肤补充水分，有较好的嫩肤功效。

## 假性皱纹，再也不见

产后，新妈妈的皮肤变得松弛，有些部位会长出淡淡的皱纹。脸上的皱纹不只是岁月的痕迹，还能折射出身体机能的异常。

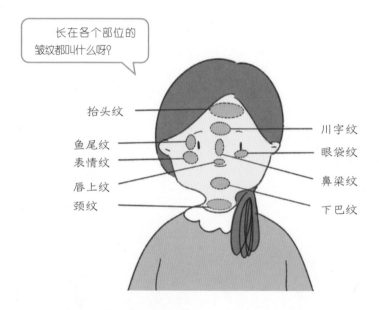

长在各个部位的皱纹都叫什么呀?

抬头纹

鱼尾纹
表情纹

唇上纹
颈纹

川字纹
眼袋纹

鼻梁纹

下巴纹

### 产后皱纹出现的原因

【外因】气候干燥、日晒、空气污染、常用有害的化妆品、沐浴不当等。

【内因】便秘、贫血、生理机能减退、体虚、营养不良、偏食、睡眠不足等。

Tips 从平整、紧致的皮肤到出现皱纹可能需要几年时间。刚出现细纹时，积极地调理和保养，可有效抑制皱纹的生成。

### 逐渐形成的皱纹

● 干燥期：洗脸后，面部皮肤出现绷紧感，不再娇嫩，失去光泽。

● 硬化期：肤质失去弹性，没有光泽。

● 松弛期：脂肪积存于皮下，小皱纹清晰可见。

● 定型期：皱纹一旦形成，很难纠正复原，只能依靠化妆来遮盖了。

# 用"吃"来预防皱纹过早出现

## 【多吃碱性食物】

酸性、碱性食物并不是按照口感来区分的，而是看食物进入人体后到底是呈现酸性还是碱性来区分的。人体内酸性物质过多，会使皮肤变得没有活力，一旦遇到冷风和日光曝晒，就会干燥起皱。多吃些碱性食物，有利于保持皮肤的弹性，延缓皱纹产生。

碱性食品：绝大部分蔬菜、水果、豆制品和海产品等。

## 【多吃富含胶原蛋白的食物】

胶原蛋白能增强皮肤的贮水功能，利于滋润皮肤，维系皮肤组织细胞内外水分的平衡。胶原蛋白也是皮肤细胞生长的主要原料，能使皮肤变得丰满、白嫩，预防皱纹的产生，淡化微小的皱纹。

富含胶原蛋白的食物：猪皮、猪蹄、甲鱼等。

## 【多吃富含核酸的食物】

多吃富含核酸的食物既能延缓衰老，又能阻止皮肤皱纹的产生。

富含核酸的食物：鱼、虾、牡蛎、蘑菇、银耳、蜂蜜等。

## 【多吃富含软骨素的食物】

组成弹性纤维的主要物质是硫酸软骨素，人体内如若缺乏软骨素，皮肤就会失去弹性，出现皱纹。

富含软骨素的食物：猪骨汤、牛骨汤等。

## 【多吃富含维生素、微量元素的食物】

维生素A可以维持皮肤的韧性和使皮肤保持光泽。维生素A、维生素C、维生素E为抗氧化剂，可防止皮下脂肪氧化，增强皮肤表皮和真皮细胞的活力，避免皮肤早衰。一些微量元素，如铁、铜、锌等，可使皮肤毛细血管血液充盈，使皮肤获得足够的营养，避免皱纹过早出现。

富含维生素A的食物：动物肝脏、牛奶、螃蟹等。富含维生素C的食物：白菜、油菜、山楂、芥菜、茄子、桂圆、花菜、橙子等。富含维生素E的食物：花生油、玉米油、芝麻油等。

牛奶

# 婆婆妈妈月子餐——【黄豆炖猪蹄】

**材料：** 黄豆100克，猪蹄一对，生姜片适量。

**调料：** 红糖、盐各适量。

**做法：**

1. 黄豆洗净备用；将猪蹄洗净剁成块儿，焯水约2~3分钟后捞出，沥干水分，去除残留的猪毛。

2. 猪蹄块与黄豆、生姜片一起放入砂锅，加入适量水，先大火烧开，再小火炖煮2小时。

3. 待黄豆煮烂，猪蹄块骨肉分离，加入红糖、盐调味即可。

**王老师营养小课堂**

猪蹄中含有丰富的胶原蛋白，脂肪含量也比肥肉低，能防止皮肤过早出现皱纹，增强皮肤弹性和韧性，在延缓衰老、美容养颜方面效果显著。

# 脸上长痘是上火了吗

产后脸上总是爱长痘痘，这可怎么办呀？

脸上的痘痘好了又长，我的脸好久都没光滑无瑕了。

我的额头、脸颊、下巴到处都是痘痘，就连鼻子上都长了痘，这到底是怎么回事呀？

　　脸上长痘痘是不少新妈妈产后容易出现的皮肤问题。若是护理不当，很容易留下痘印，并且经常复发，难以彻底消除。

## 产后脸上长痘的原因

### 【激素影响】

　　怀孕后，孕妈妈体内的激素发生改变，皮肤状况变差，皮脂分泌旺盛，痘痘很容易冒出来。

### 【代谢不畅】

　　角质层是皮肤的最外层组织，最外层角质的代谢周期大约是28天。一般来说，角质层不能正常代谢的话，就特别容易变厚，皮肤排泄功能受阻，脸上就容易冒出痘痘。产后新妈妈脸上皮肤容易干燥，再加上角质层多半不平衡，老废的角质大多会残留在脸上，进而导致角质堵塞毛孔，引起脸上长痘。

**【皮肤太油】**

产后，孕期紊乱的分泌状况仍然会持续一段时间，黄体素增加，皮脂分泌也就增加，角质抵抗力变弱，痘痘就容易冒出来。

**【消化不好】**

产后吃得太多、吃得过好，容易影响消化，致使体内毒素堆积，废物无法正常排出，脸上也会长痘痘。

## 脸上长痘这么吃

脸上长痘痘，不能简单地认为是上火了，吃点降火药，或者涂抹药膏、服用抗生素就能治疗，这样并不能从根本上解决问题。祛除痘痘需要从内到外地调理。

● 清淡饮食，忌食油腻、高糖、腥发、辛辣刺激性食物，以免加重脸上的痘痘。

● 多吃一些含粗纤维的水果和蔬菜，如苹果、西瓜、黄瓜、芹菜、蒜苗等，补水又锁水。

● 多喝水可以为肌肤补充水分，排出毒素，增强肌肤自身的代谢力和免疫力，避免痘痘加重。

● 多吃清热祛湿的食物，如绿豆、冬瓜、海带、红豆、薏米等，排毒又养颜。

我们都是痘痘肌的克星，吃我们准没错!

## 这些细节也得注意

痘痘是很容易复发的一种常见皮肤问题，要想改善痘痘肌就需要在生活中多注意。那么需要怎么做呢？

**【规律作息，勿熬夜】**

良好的睡眠对维护脏腑功能、保养皮肤起到很大的作用，所以大家要养成良好的作息习惯，到了睡觉的时间就要睡觉，要保证充足的睡眠，切忌熬夜。

**【保持大便通畅】**

肠道也是重要的排毒通道，如果大便秘结不通，体内的湿热排不出去，就不利于痘痘的康复，所以要注意多喝水，多吃粗纤维食物，养成良好的排便习惯，保持大便通畅。

**【注意皮肤清洁】**

长痘痘的人，脸上皮脂分泌会比较多，很油腻，所以平时可用温水和硫磺皂洗面，选用油性较弱的护肤品，切忌涂抹油性大的护肤品或粉状的化妆品，以保持脸部干净清洁，避免堵塞毛孔，加重炎症反应。

**【做好防晒，除痘要先消毒】**

长痘痘的人要尽量少晒太阳，以避免出现色素沉着斑。千万不要用手挤压痘痘，否则很容易形成结节、瘢痕，也增加了感染的机会。如果有黑头或者粉刺较多，需要清除，可先用75%酒精进行局部消毒，再用粉刺针沿毛孔口将痘痘穿破，然后用粉刺挤压器将痘痘里的分泌物挤出来。

温和清洁，
减少刺激

用手挤痘痘
会留痘印

清洁一定要
彻底

根据自己的
皮肤状况选
择护肤品

## 婆婆妈妈月子餐——【冬瓜薏米红枣汤】

**材料：** 带皮冬瓜400克，薏米15克，红枣5枚。

**做法：**

1.薏米洗净，用水浸泡2～3小时；红枣洗净。

2.冬瓜洗净、切块，与泡好的薏米、红枣一同放入砂锅，加入适量清水，大火煮沸，改用小火，熬煮至薏米熟烂即可。

**王老师营养小课堂**

冬瓜具有清热解毒、利水消肿等功效，与薏米、红豆、绿豆等搭配煲汤，除湿、去热、排毒的效果会更好，有利于改善产后痘痘肌。

# 产后第6周：
# 变身超级辣妈

产后第六周，马上月子期要结束了，可以适当瘦身啦！

全身燃脂餐

消除肿肿肿

肌肉变紧实

胸部要坚挺

减掉大肚腩

告别大象腿

甩掉蝴蝶袖

# 减肥从低热量开始

老婆，你瘦了不少呢!

新妈妈产后肥胖还是比较常见的，有可能是在孕期就胖了，也有可能是产后饮食不当、喜静不喜动等因素导致的。产后肥胖不仅影响新妈妈的身材和体态，还容易给肝脏、关节、心脏等带来负面影响，甚至会给新妈妈的代谢功能造成负担。

## 判断肥胖的体重指数

肥胖不是用眼睛看出来的，应该通过计算体重指数来判断，全凭外观来判断肥胖是不准确的。那么，究竟怎样算体重指数呢?

【公式】

$$体重指数=体重（千克）÷身高（米）^2$$

【举例】

例如：某人的体重为70千克，身高为1.7米。

$$体重指数=70÷1.7^2=24.2$$

根据体重指数，世界卫生组织已经给出了成年人的体重标准，如下图：

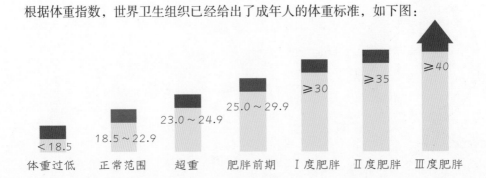

| 体重过低 | 正常范围 | 超重 | 肥胖前期 | Ⅰ度肥胖 | Ⅱ度肥胖 | Ⅲ度肥胖 |
| --- | --- | --- | --- | --- | --- | --- |
| <18.5 | 18.5~22.9 | 23.0~24.9 | 25.0~29.9 | ≥30 | ≥35 | ≥40 |

我怀孕的时候都不太胖，怎么"卸货"了，反而更胖了？

产后肥胖和孕期有一定关系，和产后生活方式的关系更大。

● 怀孕期间，女性下丘脑性腺功能出现暂时性紊乱，脂肪代谢失去了平衡，容易引起肥胖。孕期体重增加得越多，产后积攒的脂肪就越多。

● 新妈妈在产后气血双亏，基础代谢率会大大降低，阻碍脂肪的正常代谢，甚至影响产后的正常恢复。

● 产后新妈妈需要静卧休养，所以运动量也就变少了，热能消耗减少，如果吃得比较多，就容易引起肥胖。

● 焦虑、烦躁、生气、忧愁、愤怒等不良情绪容易使产后新妈妈内分泌系统功能失调，影响新陈代谢顺利进行，最终导致肥胖。

## 避免产后肥胖怎么吃

● 控制总能量的摄入。高于正常体重的新妈妈，推荐按照105～125千焦/千克的标准来计算热量摄入，再根据身高、体重、年龄等调整个体化能量标准。不推荐长期小于3400千焦/天的极低能量饮食。

● 应限制饱和脂肪酸与反式脂肪酸的摄入，增加植物脂肪占总脂肪摄入的比例，还要多使用富含ω-3多不饱和脂肪酸的植物油，每日胆固醇摄入量也不宜超过300毫克。

● 多吃一些含水量大的食物，比如绿豆芽、白菜等，保证身体吸收后产生的热量少一些，而且不会使脂肪堆积在皮下组织。

● 多吃些富含纤维素的食物，比如韭菜、油菜、芹菜等。富含纤维素的食物具有通便作用，多吃能够轻松地排出体内废物，还不易长胖。

●多吃些富含丙醇二酸的食物，比如黄瓜等，能够抑制食物中的碳水化合物在体内转化成脂肪。

●多吃些新鲜的水果，但水果糖分含量不宜太高。比如，苹果富含纤维素与果胶，适合早餐后食用，可调理肠胃、排出毒素。

●奶类是钙摄取的主要来源，但要尽量选用低脂牛奶或脱脂牛奶，不宜选用炼乳、调味乳等奶制品。

●少食多餐，这样既不会增加肠胃的负担，又能有效地消耗食物的热量，不会囤积脂肪。

要想减肥，合理饮食最重要。

低热量食物可以多吃一些！

高热量食物一定要拒绝哦！

Tips　尽量不食用食材黑名单上的食物，如肥肉、油炸食品、奶油食品和含奶油的冷饮、果仁、糖果及高糖饮料、甜点、膨化食品等。

王老师营养小课堂

除了饮食，适量运动与充足的睡眠也是避免产后肥胖的必要条件。

●适量运动，产后积极运动是预防生育性肥胖的重要措施。适当地运动可促进新陈代谢，避免体内热量蓄积。

●保证睡眠才能确保代谢正常，有利于减肥瘦身。

# 婆婆妈妈月子餐——【黄瓜拌黑木耳】

材料：黄瓜150克，黑木耳100克，辣椒碎2克。

调料：橄榄油5克，盐、生抽各3克。

做法：

1.黄瓜去皮，切成片。

2.泡发好的黑木耳去根，撕成小朵，洗净，然后用开水烫一下，捞出，沥水。

3.黑木耳、黄瓜片、辣椒碎一起倒入盘中，加入生抽、盐、橄榄油，拌匀入味即可。

王老师营养小课堂

黑木耳、黄瓜都是低热量食物，降脂、减肥效果很不错。

# ● 到底什么是低脂饮食

产后新妈妈本身身体机能尚未恢复，月子里吃得太多或者太滋补，特别容易堆积过多脂肪。若是产后新妈妈已经偏肥胖，更得控制脂肪的摄入。

## 脂肪摄入多少才是低脂饮食

产后滋补对身体恢复和母乳喂养有益，但不宜过度进补，进补最好追求"低脂饮食"的原则。所谓的"低脂饮食"就是膳食脂肪摄入量占膳食总热量的30%以下或全天脂肪摄入量小于50克的饮食方式。

根据脂肪限量程度，低脂饮食可分为3个等级：

1.严格限制脂肪摄入量，每日总脂肪摄入量不超过20克；

2.中度限制脂肪摄入量，每日总脂肪摄入量不超过40克；

3.轻度限制脂肪摄入量，每日总脂肪摄入量不超过50克。

## 低脂饮食要少吃什么

低脂饮食包括低油脂和低胆固醇两种：

● 低油脂饮食：避免吃一些油脂含量高的食物，比如肥肉、猪皮、鱼皮、核桃、夏威夷果、松子、花生、瓜子等，还要避免红烧、油炸等用油量较多的烹饪方式。

● 低胆固醇饮食：避免吃一些高胆固醇的食物，典型代表食物有动物内脏、蛋黄等。

炒菜变成水煮菜、不吃肉蛋奶……这样是不是就是低脂饮食呢?

这么吃,虽然脂肪摄入量会比较少,但是也会引起脂肪摄入不足的情况。脂肪也是产后新妈妈代谢的必需营养素之一,长期摄入不足容易引起营养不良、免疫力低下、内分泌与代谢紊乱等症状。

## 哪些食物低脂又消脂

亲爱的,你中午想吃点什么?

我想吃低脂、消脂大餐,你会做吗?

容我查一查!

**金枪鱼**的脂肪含量很低,同时蛋白质的含量又比较高,非常适合产后新妈妈减肥时食用。

**西红柿**中脂肪的含量比较低,而且维生素的含量极高,可以促进人体的新陈代谢,增加热量的消耗。

竹笋的脂肪含量比较低，胆固醇含量也不高，且维生素C和钾元素含量也较高，可以促进人体的新陈代谢，促进免疫功能的提高以及体内热量的消耗，对产后增强免疫力和燃烧脂肪是非常不错的选择。

芹菜的含铁量也是比较高的。很多减肥的人在减肥期间补充的营养元素不足，就会产生缺铁的问题，所以脂肪含量低，含铁量却比较高的芹菜是产后妈妈减肥不错的选择，多吃芹菜还可以减轻新妈妈产后下半身的水肿情况。

燕麦是低脂食物，而且吃了饱腹感很强。直接吃燕麦的口感不太好，可以将燕麦用料理机打成细腻的粉，再将燕麦粉调成糊状，用不粘锅或者电饼铛作成薄饼吃，油一定要少，不要放糖，也可以将半根香蕉打碎后加入其中做成饼，这样做成的饼有着自然的甜味，好吃又不发胖。

黄瓜是天然的低脂食材，女性减肥的佳品，能清肠胃、排毒素。凉拌黄瓜是不错的减肥菜肴。

 王老师营养小课堂

低脂食物远不止这些。

● 蔬菜类：芹菜、卷心菜、冬瓜、苦瓜等。
● 水果：草莓、葡萄、橙子、菠萝、苹果等。
● 豆类：黑豆、绿豆、红豆、绿豆等。
● 谷类：玉米、黑米、糙米、荞麦等。

## 婆婆妈妈月子餐——【竹笋豆腐汤】

材料：竹笋2根，豆腐150克，香菜少许。

调料：生抽、盐、食用油各适量。

做法：

1.竹笋洗净，切小段；豆腐切块，入沸水中汆烫，捞出，沥水。

2.热油锅，倒入豆腐、竹笋翻炒一下，倒入适量水，加入盐、生抽调味。

3.大火煮沸，中火煮至熟时盛入碗中，用香菜点缀即可。

王老师营养小课堂

竹笋、豆腐都是低脂、低热量食物，搭配食用有利于排出肠道内的废物。这道菜特别适合减肥、瘦身的新妈妈食用。

## ● 多吃蔬菜也能增强饱腹感

哺乳期特别容易饿，总感觉吃不饱。

产后减肥最不容易，饿了还不敢多吃。

产后减肥很重要，体重超标带来的健康隐患不容小觑。

为了让母乳喂养的宝宝吃得营养又健康，新妈妈一定不能节食。但是，任由自己放纵地吃，产后体重可能会一发不可收拾。哺乳期的新妈妈该怎么吃，才能既有营养，又让体重保持在一个健康的状态上呢？

### 哺乳期容易胖

纯母乳喂养的新妈妈需要更多的热量和营养来支持自己身体的需求以及泌乳的需求，同时也需要更多的优质蛋白质、水分，以及多种无机盐和维生素来支持泌乳带来的、额外的营养素需求。

尽管泌乳会消耗一定热量，但是如果新妈妈日常摄入热量过高，超过了泌乳消耗的热量，这些多余的热量便会被身体转化成脂肪组织储存起来，变成我们不希望看到的肥肉。

泌乳都不足以消耗的热量，我该怎么消耗它们？

### 好的饮食习惯很重要

● 不管是产后还是平日里减肥，都要保证三餐正常吃，每餐要保证蛋白质和膳食纤维的充足摄入，但不可以吃得过于油腻。

● 吃东西时要细嚼慢咽，这样可以保证食物被充分消化。但是，不要吃得过饱，"七分饱"即可。

● 两顿正餐中间合理地安排加餐，持续地给身体提供能量。加餐的食物分量不用太多，能适当补充能量、增加饱腹感才最关键。

### 王老师营养小课堂

饮水很重要。正餐后要适时、充分地饮水，不仅能增加饱腹感，还能促进排便，对减肥有很大的帮助。非进餐时段如果想吃东西，也可以先喝一杯水，如果还是感觉肚子很饿，可以适当补充一些新鲜的蔬果，比如西红柿、黄瓜、苹果等。

### 吃点什么，可以增加饱腹感

老婆，你快来看，这些食物都能增加饱腹感。咱们从今天开始试试吧！

厉害啊，给你点赞！么么哒！

苹果含有可溶性膳食纤维和果胶，能产生很强的饱腹感。苹果还可以调节血糖水平，利于延缓饥饿感。咀嚼苹果需要慢一点，摄食速度减缓，可以间接增加饱腹感。

山药含有碳水化合物的同时又富含多种维生素及纤维素，能让新妈妈获取足够的能量且保持足够长时间的饱腹感。

酸奶是瘦身的最佳食物。产后新妈妈每天坚持喝酸奶，一段时间后体重会明显下降，而且，从奶制品中摄取的蛋白质更能让人产生饱腹感，可以帮助产后新妈妈减少食物的总摄入量，还不会导致血糖失衡。

红薯中含有一种特殊类型的淀粉，它能抵制消化酶的作用，使它在胃中停留更长的时间，从而延长饱腹感。另外，蒸煮过后的红薯，能够更加有力地刺激肠道的蠕动，从而积极地预防或改善产后便秘。

鸡蛋作为早餐食用既有营养，又会使人有饱腹感。它的饱腹效果优于同等重量的面包。鸡蛋中还含有大量的微量元素和人体必需的氨基酸，可以帮助人体促进新陈代谢。需要注意的是，虽然吃鸡蛋可以帮助人减重，但鸡蛋摄入量要适中。

燕麦的饱腹能力来自它的高纤维含量和像海绵似的吸水能力。当燕麦和水或脱脂牛奶搭配在一起时，燕麦的体积会迅速膨胀，消化系统就要用更多的时间去消化它，这也就意味着在下次饥饿感到来之前，新妈妈暂时无需摄入食物。

## 婆婆妈妈月子餐——【五谷杂粮饭】

**材料：** 黑糯米、薏米、荞麦、燕麦、糙米、红豆、绿豆、黑豆、山药、大米、红枣各10克（约1小把）。

**做法：** 将上述食材洗净，热水浸泡2～3个小时，放入电饭煲内，加适量水，煮熟即可。

王老师营养小课堂

这道杂粮饭里包含多种饱腹感强、促进消化的食材，比如红豆、山药、红枣、薏米等，混搭在一起，有利于提高脾胃的吸收消化能力。

# 促进消化，可以多吃点低GI食物

GI（血糖生成指数），专指含50克碳水化合物的食物与50克葡萄糖相比，在一定时间内（一般为2小时）人体内血糖反应水平的百分比值。这是一种反映食物引起人体血糖升高程度的指标，是人体进食后机体血糖生成的应答状况。不同食物有不同的生糖指数。一般来说，GI>75的食物为高GI食物，GI≤55的为低GI食物。

举例

我是高GI食物

馒头的碳水化合物含量为47%，要想通过馒头摄入50克碳水化合物，只需要吃106克左右。高碳水食物很容易导致摄入过量。

举例

我是低GI食物

樱桃的碳水化合物含量为16%，想要通过樱桃摄入50克碳水化合物，需要吃300克左右。而且，樱桃的含糖量较低、热量也不高，是一种非常适合产后妈妈食用的低糖水果。

## GI高低对减脂的影响

高GI食物有着消化快、吸收好的特点，被人体消化后易导致血糖升高，胰脏就需要分泌大量胰岛素来维持血糖稳定，而过多的胰岛素会对脂肪燃烧造成阻碍，不利于减脂。

低GI食物进入肠道后释放缓慢，对血糖变化影响较小，不易导致脂肪堆积，且能够产生饱腹感，从而避免暴饮暴食，有利于减脂。

产后新妈妈要根据自己的实际情况，科学地调整自己的饮食习惯。根据食物的GI值，有针对性地选择食物。

## 多种营养素混合后GI值会变化

部分营养素混合后，可以降低碳水化合物的生糖效果。例如，膳食纤维可以延缓肠胃对糖类吸收的速度，蛋白质能延长饱腹感的持续时间等。日常生活中，产后新妈妈可以通过合理地搭配营养素来调控食物的GI值。

## 美食加油站

一天之计在于晨，产后新妈妈们不妨利用食物的GI值为自己准备一份美味、营养的早餐。低GI的食物生糖比较慢，可以为一上午的精力提供能量。

**红薯**所含的锰和钾，可帮助产后新妈妈恢复身体、消除水肿；所含的膳食纤维能促进肠道蠕动，排出废物；所含的淀粉能增加饱腹感，提供能量。

**鸡蛋**也是产后滋补的最佳选择，其营养全面，油脂较少，不会引起人体发胖。

**豆类**及其制品大部分都是低GI食物，热量不高，营养却很全面。内含的不饱和脂肪酸、大豆皂苷、异黄酮、卵磷脂等，不仅能促进乳汁分泌、补充营养，还不会发胖。

Tips 用红薯和鸡蛋搭配豆浆，真是美味又有营养。

## 常见食物GI值

### 【糖类】

| 食物名称 | 生糖指数 |
| --- | --- |
| 葡萄糖 | 100.0 |
| 绵白糖 | 83.8 |
| 蜂蜜 | 73.0 |
| 蔗糖 | 65.0 |
| 巧克力 | 49.0 |
| 乳糖 | 46.0 |
| 果糖 | 23.0 |

### 【豆类】

| 食物名称 | 生糖指数 |
| --- | --- |
| 青刀豆 | 39.0 |
| 扁豆 | 38.0 |
| 绿豆 | 27.2 |
| 四季豆 | 27.0 |
| 豆腐干 | 23.7 |
| 豆腐 | 22.3～31.9 |
| 大豆 | 14.0～18.0 |

### 【谷类】

| 食物名称 | 生糖指数 |
| --- | --- |
| 馒头 | 88.1 |
| 糯米 | 87.0 |
| 米饭 | 83.2 |
| 面条 | 57.0 |
| 小米 | 71.0 |
| 大米粥 | 69.4 |
| 玉米 | 55.0 |

### 【水果类】

| 食物名称 | 生糖指数 |
| --- | --- |
| 菠萝 | 66.0 |
| 杧果 | 55.0 |
| 香蕉 | 52.0 |
| 猕猴桃 | 52.0 |
| 柑橘 | 43.0 |
| 葡萄 | 43.0 |
| 苹果、梨 | 36.0 |
| 桃子 | 28.0 |
| 柚子 | 25.0 |
| 樱桃 | 22.0 |

### 【薯类、淀粉类】

| 食物名称 | 生糖指数 |
| --- | --- |
| 红薯（煮） | 76.7 |
| 土豆 | 62.0 |
| 芋头 | 54.0 |
| 土豆粉条 | 13.6 |

### 【乳制品】

| 食物名称 | 生糖指数 |
| --- | --- |
| 酸奶（加糖） | 48.0 |
| 牛奶 | 27.6 |
| 降糖奶粉 | 26.0 |
| 酸乳酪 | 36.0 |

### 【蔬菜类】

| 食物名称 | 生糖指数 |
| --- | --- |
| 黄瓜 | 15.0 |
| 胡萝卜 | 71.0 |
| 生菜 | 15.0 |
| 西蓝花 | 15.0 |

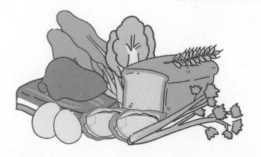

### 婆婆妈妈月子餐——【木耳白菜汤】

**材料：** 水发黑木耳100克，白菜250克，虾皮10克，午餐肉20克，葱丝、姜片、食用油各少许。

**调料：** 盐适量。

**做法：**

1. 黑木耳洗净，撕成小朵；白菜洗净，切小片；午餐肉切片。

2. 热锅，倒入油烧热，用姜片、葱丝、虾皮爆锅，放入白菜片、黑木耳煸炒一下，加入午餐肉片，倒入适量清水，大火煮沸5分钟左右，放入盐调味。

王老师营养小课堂

黑木耳、海带和白菜的生糖指数特别低，适合新妈妈减肥食用。

# 顺畅排泄大作战

新妈妈产后卧床时间较长，活动量少，胃肠蠕动减慢，吃进去的食物营养若要被胃肠吸收，需要大量消耗肠道水分，容易导致大便干燥甚至便秘，脂肪堆积也会增多。产后新妈妈还是要想办法促进排泄，不让肥胖缠身。

## 吃这些既通便又减肥

● 产后每天要保证一定水分的摄取，但是不要认为喝汤或者是吃水果就可以代替喝水的效果哦。多喝些水，可有效预防便秘不适，在水里加点纯蜂蜜效果会更明显。

> 水里加点蜂蜜，好喝!

● 多吃富含纤维素的食物，比如芹菜、南瓜、香蕉、莲藕、红薯、玉米、芋头、荸荠等，它们是天然的通便剂，可以增强肠道蠕动，帮助新妈妈们顺利排便。

> 富含纤维素的我们可以促进排便哦!

● 多吃富含有机酸、脂肪酸的食物，比如松子、酸奶、黑芝麻等，能够促进消化，起到通便的作用。

> 我们富含有机酸和脂肪酸，通便效果特别明显。

## 婆婆妈妈月子餐——【松子仁粥】

材料： 松子仁30克，当归、党参各10克，大米50克。

做法：

1. 当归、党参放入锅内，加入适量清水，煎煮20分钟。

2. 大米淘洗干净，与松子仁一起倒入锅内，小火熬煮成粥。

王老师营养小课堂

松子仁有利于养血润肠，可以改善新妈妈产后便秘的问题，间接帮助减肥。

## ● 燃脂餐，越吃越瘦

老婆，今天想吃什么呢？

唉，一点也不想吃，吃这么少怎么还胖了呢？

产后3个月内，宝宝最好还是由妈妈来陪伴和照顾。新妈妈分身乏术，更没有时间运动了。有没有什么食物可以让新妈妈吃出好身材呢？

**猕猴桃**中含有大量的赖氨酸、硫氨基酸和维生素C等，这些都能帮助身体合成肉碱，促进体内的脂肪转化为热量，加速脂肪燃烧。

**三文鱼**作为深海鱼类的一种，所含的ω-3脂肪酸属于健康脂肪，有降血糖、调节血脂和降低胆固醇的作用。三文鱼不仅能增加饱腹感，还能促进脂肪代谢，有利于减肥。

**海带**所含的海藻酸能抑制人体对脂肪的吸收；丰富的胶质还可以燃烧体内脂肪，促进体内毒素和废物的排出，更利于减肥。

**金针菇**热量比较低，而且含有丰富的亚油酸，可以加速脂肪分解，达到减肥目的。

**藜麦**含有丰富的可溶性膳食纤维，可以作为主食吃，很有饱腹感，可以延长下次进餐的时间，不会因为食用低热量食品导致的饥饿而痛苦。

此外，藜麦是碱性食物，人体pH值高于7时血液内氧含量增高，有助于消耗脂肪。

**鸡蛋**与其他的蛋白质来源，如牛肉、虾、蛋白粉相比，性价比更高，其所含的蛋白质可以帮助修复肌肉，提高代谢，更好地燃烧脂肪。吃了富含蛋白质的食物，大脑会产生饱腹信号，可以避免过多饮食。

**西柚**中的香气可以刺激交感神经，使交感神经处于兴奋状态，从而达到促进脂解激素分泌的效果，有助于活化脂解酶，促进脂肪分解。

Tips 虽然它们都是"脂肪克星"，但也别太过于放纵地吃，毕竟任何食物吃多了都是会发胖的，适量摄入才能达到最好的燃脂、减肥效果哦！

## 婆婆妈妈月子餐——【海带冬瓜汤】

材料：水发海带50克，冬瓜500克，薏米50克。

调料：盐适量。

做法：

1. 冬瓜去皮、切块；海带洗净切丝。

2. 薏米洗净，浸泡4小时，与海带丝一起放入锅中，加水，大火煮。

3. 将熟时，放入冬瓜块，继续小火煲20分钟，加盐调味。

**王老师营养小课堂**

冬瓜脂肪含量低、热量低，不容易使人发胖；海带的热量低，还有利于促进脂肪燃烧，适合产后减肥。

# 婆婆妈妈月子餐——【藜麦米糊】

材料：藜麦150克，大米50克。

调料：糖适量。

做法：

1.藜麦清洗干净，浸泡1小时左右；大米淘洗干净。

2.藜麦、大米一起放入豆浆机内，打成米糊。

3.加入糖调匀即可。

**王老师营养小课堂**

藜麦的燃脂作用明显，与大米一起做成米糊食用，可促进消化，也不用担心肠胃会不舒服。

## 消肿餐，排出体内多余的水分

有些新妈妈产后虽然看着体态臃肿，其实有可能不是真正的肥胖，只是因为产后水肿而显得比较胖。

我为什么会水肿呢？

两种情况容易引发水肿。

如果孕晚期的孕妈妈发现自己一到下午，小腿尤其是脚踝部分开始变粗、变肿，按一下还会"弹"回去，多半就是水肿体质。这样的新妈妈由于体内水液潴留，不能正常运化，所以产后容易水肿。

还有些新妈妈在生完宝宝后，体内的黄体酮含量发生变化，影响了新陈代谢，体内的水分无法及时排出，也会引发产后水肿。

水肿的表现看这里

湿气重
易疲劳
黑眼圈
头油
虚胖
皮肤松弛暗淡

重油盐
口臭
爱吃甜
眼袋下垂
胀气　易口渴
有脚气

## 水肿是这样的

水肿较轻的人往往皮肉松弛，脸部下方的肉没有弹性，往下坠，整个人看起来很没有精神，下肢水肿得厉害时甚至连鞋子都穿不进。水肿严重的人会比较容易发胖，有时还会伴有口干舌燥、四肢乏力、头晕、心慌、频繁咳嗽等不适症状。

## 饮食消肿法

● 低盐饮食。吃得太咸容易水肿，吃得清淡些能够减轻肾脏的负担，减少水分过度潴留在体内，缓解手脚肿胀的情况。

● 多吃富含钾的食物，比如香蕉、橘子、土豆等，同样能减轻水肿不适症状。

● 多吃一些利尿消肿的食物，比如山药、海带、冬瓜、黄瓜、苦瓜等，减少皮下组织脂肪的堆积，可消除水肿，达到瘦身效果。

● 适当搭配一些有除湿功效的食物，比如白扁豆、薏米、玉米须、红豆等，可排出体内多余的水分和湿气。

## 搭配快走和艾灸，消肿更快

### 【快走】

快走不需要借助任何器材，操作起来比较简单，非常适合轻微水肿的产后新妈妈。快走不但可以促进全身的血液循环，促进脾胃的消化能力，还可以帮助人体排湿，促进新妈妈产后消"肿"。

王老师营养小课堂

● 快走结束前要先放慢速度，切不可突然停下来，否则容易引发头晕、恶心、呕吐等不适症状。

● 快走后及时少量地补充水分，以免脱水。

● 依个人体质，每次快走20～40分钟，至微微出汗即可。

### 【艾灸神阙穴】

神阙穴若是受到了湿气侵入，多半会引起脾胃不适，非常容易引起水肿或者虚胖。经常刺激此穴位，可以积极地健脾祛湿，强健身体，使脾胃功能增强，改善因湿气过重而引起的水肿型肥胖。

王老师营养小课堂

点燃艾炷，灸熏神阙穴，或者涂抹艾草精油于腹部后再用热水袋温敷20分钟左右，可有效促进脾胃功能，但是一定要注意温度，不要太烫。

## 婆婆妈妈月子餐——【鲜蘑虾仁焖冬瓜】

材料：虾仁100克，冬瓜100克，鲜蘑50克，葱花适量。

调料：盐、食用油各适量，生抽少许。

做法：

1.冬瓜去皮，洗净，切小块；鲜蘑洗净，撕成条；虾仁洗净。

2.热油锅，炒香葱花，放入鲜蘑条稍微翻炒，倒入虾仁和冬瓜块，加入清水，调入盐和生抽，焖熟即可。

### 王老师营养小课堂

冬瓜除湿、利尿效果显著，与鲜蘑、虾仁搭配，营养价值变高，热量还不高，利于消化，是产后消肿、减脂不错的选择。

# 婆婆妈妈月子餐——【茯苓薏米黄豆粥】

材料：茯苓、薏米各 20 克，黄豆 30 克。

做法：

1.薏米、黄豆分别洗净，用清水浸泡 3 小时。

2.茯苓洗净，与薏米、黄豆一起熬煮成粥即可。

### 王老师营养小课堂

薏米和黄豆都有消除水肿的功效，产后适当喝一些，可避免产后水肿，达到瘦身
效果。

## 母乳喂养≠乳房下垂

我不想母乳喂养了，不但乳房会下垂，还老得快。

那宝宝怎么办呀？

产后刚母乳喂养时，新妈妈的乳房还很硬挺，但是宝宝断奶后，很多妈妈的乳房开始出现不同程度的松弛、下垂、缺乏弹性等问题。那么，解决乳房干瘪、下垂等问题，拒绝母乳喂养宝宝就能解决吗？用吸奶器吸出母乳来喂养宝宝，乳房就不会有问题吗？

拒绝母乳喂养宝宝、用吸奶器吸出母乳来喂养宝宝……这些方法对乳房健康都是不利的，也不能防止乳房下垂等问题。亲自给孩子喂母乳也是母亲与孩子交流的一个过程，会让孩子产生安全感。如果母乳充足，还是建议妈妈给孩子亲自喂母乳比较好。

### 乳房状态与哪些因素有关

新妈妈哺乳期间能够保证充足的睡眠时间与睡眠质量，饮食营养均衡，心情保持舒畅，哺乳后若是气血还能保证较为充盈的状态，非但乳房不会"老化"，相反，还有可能使乳房变得更加饱满、紧实。

若是在哺乳期间，新妈妈睡眠不足，饮食不规律，营养不均衡，情绪也不稳定，导致身体气血亏虚，乳房就会开始慢慢"老去"。

从生理功能来讲，脾脏能够将人体摄入的食物转化为水谷精微，并把它们吸收，输布至全身。刚生完孩子的女人，气血本来就比较亏虚，若是不能及时地补充气血，乳房得不到滋养，就会逐渐老化，出现下垂、缩小、松弛等问题。

及时丰胸，告别平胸，拒绝胸部衰老。

## 丰胸不可乱来

市面上热门的丰胸产品可信吗？

市面上的丰胸产品主要分为两类，一种是内服的，一种是外敷的。

● 内服的丰胸产品安全系数比较低，一些不良商家有可能会在这些丰胸产品中加入激素。如果经常吃这样的丰胸产品，容易导致内分泌失调，就会严重危害身体健康。

● 外用的丰胸产品相对来说比较安全，但是使用这样的产品，丰胸效果未必明显，所以，产后并不建议使用丰胸产品。

## 扩胸运动，丰胸效果明显

扩胸运动锻炼的是胸部肌肉。经常做扩胸运动可以促进胸部肌肉的气血循环，使胸部结实、丰满，女生的乳房会更挺拔且富有弹性，能有效地防止乳房下垂、松弛等问题。

扩胸运动还能锻炼到背部及腹部肌肉，改善新妈妈的产后仪态，就连心肺功能都能得到提高，增强身体素质。

扩胸运动的方式有很多种，新妈妈不妨多尝试一下，选择一套适合自己的动作，每天坚持锻炼10~20分钟就好。当然，还可借助运动器材来锻炼，比如哑铃、矿泉水瓶等，丰胸效果会更好。

### 精准选择丰胸食物

**【多吃蔬菜】**

每天保证摄取足够的蔬菜，多吃西红柿、胡萝卜、菜花、南瓜、芦笋、黄瓜、丝瓜和一些绿叶蔬菜等，对维护乳房健康有帮助。

**【多吃大豆及豆制品】**

大豆及其加工而成的食品中含有异黄酮，可以调节新妈妈体内的雌激素水平，减少乳房不适。

**【多吃有助于代谢的食物】**

快速代谢也是丰胸的一个重要条件，再配合适当的按摩和运动，效果更好。有助于代谢的食物包括各种根茎类食物，比如胡萝卜、莲藕、牛蒡等。

**【多吃补气血的食物】**

猪蹄、牛肉、乌鸡、红枣、花生等，可以给产后新妈妈补虚、补血，还能给乳房供给营养，使它们充盈结实。

## 婆婆妈妈月子餐——【枸杞山药羊肉汤】

材料：羊肉250克，山药100克，枸杞子适量，生姜少许。

调料：盐、料酒各适量。

做法：

1.羊肉洗净，切片，入沸水中余烫，去除血水。

2.山药去皮，洗净，切块；枸杞子洗净。

3.热锅，倒入清水，放入生姜、羊肉片、山药块、枸杞子，大火煮开。

4.倒入料酒，放入盐，小火炖煮2小时即可。

王老师营养小课堂

羊肉可以补气血，又富含蛋白质、B族维生素，有一定的丰胸功效。

# 想瘦哪就瘦哪

瘦大腿

**【有助于瘦腿的食物】**

● 香蕉：钠的含量很低，钾和纤维素含量高，可促进排泄，不让脂肪堆积在下半身，帮助瘦腿。

● 菠萝：多吃菠萝可促进血液循环，将新鲜的养分和氧气输送到双腿。

● 苹果：苹果含有果胶，既可以清肠，又可以防止下半身肥胖。

● 芹菜：芹菜含有大量的胶质碳酸钙，还含有丰富的钾，可改善下半身浮肿。

● 猕猴桃：猕猴桃富含纤维素，吸收水分易膨胀，容易产生饱腹感，并能提高分解脂肪酸的速度，避免脂肪过剩使腿变粗。

通过节食来瘦肚子是不合理的，营养补给不足会对产后身体恢复造成阻碍。建议新妈妈们多吃一些新鲜的蔬菜，同时搭配一些针对腹部的简单运动，用科学的方法来瘦肚子，小腹自然会变得平坦、有弹性。

节食减肥不可取哦！

老公，我的肚子仍然很大，不吃那么多，行不行？

**【有助于瘦肚子的蔬菜】**

● 西红柿：西红柿的饱腹感很强，其含有丰富的维生素和纤维素，不仅可以补充体内的所需营养，还有利于肠道消化，帮助身体排除过多的油脂。

● 胡萝卜：胡萝卜含有丰富的纤维素，能够延长饱腹感，其富含维生素C、β-胡萝卜素等，能够避免脂肪在腹部堆积。

● 绿叶蔬菜：绿叶蔬菜都是利于减肥的食物，比如，生菜内所含的莴苣素和甘露醇等，可以降低胆固醇、排油消脂、利尿消肿、促进新陈代谢。只需简单地清炒，就可帮助身体排毒，达到瘦肚子的效果。

## 婆婆妈妈月子餐——【香蕉西芹山楂汁】

材料：香蕉、西芹各50克，山楂30克。

做法：将香蕉洗净，剥除香蕉皮，切块；西芹洗净切成段；山楂洗净去核。将上述食材放进榨汁机中，加少量水，榨成汁即可。

**王老师营养小课堂**

芹菜富含膳食纤维，能促进消化，也可避免下半身肥胖，还能有效地排出体内多余的水分，避免全身浮肿。香蕉能够促进肠道蠕动，可快速消食，排出体内多余的水分，使腹部变平坦。

## 婆婆妈妈月子餐——【西红柿烧菜花】

材料：西红柿1个，菜花半个，大蒜、葱花各少许。

调料：生抽、盐、食用油各适量，鸡精少许。

做法：

1.西红柿洗净，在顶部划"十"字，用热水烫过之后去皮切成块；菜花洗净，切小块；大蒜洗净，拍碎，切成末。

2.热油锅，爆香蒜末、葱花，倒入菜花块和西红柿块快炒，放入少量水，翻炒至熟。

3.调入盐和生抽，翻炒入味即可。

### 王老师营养小课堂

西红柿有瘦身、瘦肚子的功效，与菜花搭配，热量不高，营养却很丰富，非常适合产后新妈妈食用。

# 一口一口吃掉
# "月子病"

月子期间护理不当，新妈妈很容易落下病根。"月子病"的预防可以先从饮食入手。

拉肚子

不思饮食

便秘

高热不退

严重脱发

贫血

健忘有点厉害

微信扫码

◎ 产后知识百科
◎ 膳食营养指南
◎ 科学育儿早教
◎ 心理健康课堂

# 产后贫血

老公！我头晕得厉害，你快来哄宝宝！

老婆怎么会头晕呢？明明吃得那么有营养！

分娩时失血难以避免，产后护理稍有不当，很容易导致新妈妈有贫血问题。

产后贫血的发生和新妈妈的体质、产后出血过多有很大的关系。

● 妊娠期间就有贫血症状，但未能得到及时改善的话，分娩后不同程度的失血会导致贫血程度加重。

● 若妊娠期间孕妈妈的各项血液指标都很正常，那么产后贫血多半是因分娩时出血过多造成的。

## 产后贫血不只是头晕

● 病情轻者，除面色苍白、头晕乏力之外，无其他明显症状。

● 病情较重者，会出现面黄、水肿、心悸、胃纳减退、呼吸短促等不适。

● 产后贫血会导致神经末梢血液循环不良，有些新妈妈产后时常感到手脚冰冷、发麻，冬天尤其明显。

● 贫血的新妈妈多半身体虚弱，容易引起乳汁分泌不足。

## 产后贫血影响大

产后贫血应该比较常见，没什么大不了的吧?

千万别小瞧了贫血，它可是会大大影响母婴双方的健康状况的。

真的吗? 那我可得拿个本子好好记上。

● 不利于哺乳：宝宝营养的摄入主要靠母乳。新妈妈产后贫血会严重影响母乳分泌，宝宝吃不饱或者得不到充足的铁，很容易营养不良，免疫力也会变弱，对宝宝的身体与大脑发育均不利。

● 不利于产后恢复：产后若是贫血，产褥期时间会延长。身体恢复太慢，免疫力逐渐下降，新妈妈容易出现发烧、感染等不适症状，严重者甚至会有子宫脱垂、内分泌失调等症。

## 产后贫血，用药补还是食补?

专家说了，贫血得多吃点补血食物。

● 轻度产后贫血，血色素在90克/升以上的新妈妈，一般可以通过饮食来加以改善。新妈妈平时应多吃一些含铁及叶酸丰富的食物，如动物肝脏、鸡、鱼、虾、蛋、黑木耳、紫菜以及绿叶蔬菜、谷类等。除此之外，补充营养铁剂可以让气血恢复得更快。

● 中度产后贫血，血色素在60~90克/升的新妈妈，除了要改善饮食，还需要根据医生建议服用一些药物。

● 严重产后贫血，血色素低于60克/升的新妈妈需要进行输血治疗。

## 非常有效的补铁食材

**红糖**中含有叶酸、无机盐等多种营养物质，适量食用能促进血液循环，刺激机体的造血功能，预防和缓解产后贫血。

**桂圆**是百姓认知度较高的补血食物，其含铁量高，可在提高热能、补充营养的同时，促进血红蛋白再生。可用于产后补血。

**黑木耳**含有丰富的铁元素，可以起到很好的补血作用，适合气血不足的产后新妈妈食用。

**猪瘦肉**可提供血红素铁和促进铁吸收的半胱氨酸，对缺铁性贫血有益。

### 王老师营养小课堂

● 新妈妈产后不能偏食，应吃不同种类的食物，使营养更均衡、更全面。

● 食物的摄入要合理搭配，比如铁不能和草酸、鞣酸一起摄入等。

● 食量的把控也很重要。吃得太多，容易阻碍消化吸收；吃得太少，营养又会不够。胃口不太好时，应吃一些流质或半流质食物，比如豆腐汤、蔬菜汤等，促进消化，避免给胃造成负担。如果饿得快，可以适当加餐，一次不要吃太多，严禁暴饮暴食。

## 婆婆妈妈月子餐——【黄芪鸡汁粥】

**材料：** 乌骨鸡1只，黄芪15克，大米100克。

**调料：** 盐少许。

**做法：**

1.乌骨鸡收拾干净，放入锅中加水煮，待鸡汁变浓，滤取鸡汁。

2.黄芪加水煎20分钟，去渣取汁。

3.大米淘洗干净，倒入鸡汁和黄芪汁，小火熬煮成粥，加盐调味即可。

**王老师营养小课堂**

　　乌鸡富含铁、锌等微量元素，补血效果不错，搭配黄芪，适用于产后气血不足、营养不良导致贫血的新妈妈。

# 产后便秘

产后一直便秘，几乎每次都要用开塞露，太痛苦了！

产后便秘是新妈妈常见的病症之一。排便时，粪便干结，艰涩难以排出，数天甚至一周才排便一次。便秘不仅会影响新妈妈的脸色和身材的恢复，还会带来健康隐患。

## 便秘很普遍，危害却不小

### 【诱发肠道疾病】

大量的宿便积聚在肠内，不仅会让新妈妈腹部膨隆，还可能会引起口臭、皮肤色素沉着、面部长斑等问题，甚至有引发肛门、直肠疾病的隐患。

### 【内分泌紊乱】

长期便秘会使新妈妈内分泌系统改变，月经周期变得紊乱，乳房组织细胞变异，有诱发乳腺癌的可能。

### 【上火易怒】

便秘属于一种燥热，新妈妈产后更容易因为便秘而着急上火，情绪上多表现为心烦、急躁、易怒等。

### 【毒素蓄积】

粪便在肠道内停留时间过久，造成一些有害毒素蓄积，可能会引起轻度的毒血症，对新妈妈产后健康实在不利。

**【母婴营养不良】**

便秘使肠道排空减缓，导致新陈代谢也跟着减慢，新妈妈会觉得腹中胀满，饭后饱胀不适，食欲不振。长期食欲减退会造成母婴营养不良、贫血及免疫力低下等问题。

## 天然植物通便剂

我媳妇便秘有点严重，可不可以吃点药？

药疗不如食疗，饮食是调节便秘最健康有效的办法。

● 产后便秘的新妈妈要多喝汤，其中鱼汤、鸡汤等，不仅味道鲜美、利于下奶，还可以刺激消化液分泌、促进肠胃蠕动。

● 产后便秘的新妈妈要多吃芹菜、韭菜、香蕉等富含膳食纤维的蔬菜和水果，有润肠通便的作用。

● 产后便秘的新妈妈要多吃富含不饱和脂肪酸的食物，如核桃仁、松子仁、黑芝麻、瓜子仁等，促进排便。

● 产后便秘的新妈妈要多吃富含有机酸的食物，如酸奶等，其有增强消化与通便的作用，产后可经常食用。

● 产后便秘的新妈妈要养成多饮水的习惯，每日早晨空腹饮用淡盐水200～300毫升，有利于软化大便。

我们都是人体的"清道夫"。

我们是促进消化小能手。

我们都是通便剂！

## 起居护理配合到位

● 刚生产完的新妈妈可以适当做一些床上运动，比如翻身、抬臂、伸腿等，也可以在室内来回走走，运动时间自己设定，别太累就好。

● 每天早晨起床后或在固定的时间排便，如果发现有便意也要立即排便。排便时注意力要集中，不能看手机或者看报纸、杂志。排便时也不要用力过猛。

## 自我护理，学起来

这里教给产后新妈妈们几个自我改善便秘的方法，根据产后康复科的新妈妈反映，效果非常明显哦！

我已经备好笔和纸了，必须记下来！

【窍门1】

腹式呼吸法。呼吸时把注意力集中到腹部，吸气时鼓腹并放松肛门、会阴，呼气时收腹并缩紧肛门、会阴，气呼尽后略停，再进行下次呼吸，如此反复8~10次。

 闲暇之余做一做，可调节腹肌、膈肌、直肠肌、提肛肌等参与排便动作的肌群功能，促进粪便顺利排出。

【窍门2】

腹部按摩法。新妈妈仰卧在床上或沙发上，全身放松，左手四指并拢，掌根按住脐部，以肚脐为中心，按照顺时针方向缓慢揉50下。

Tips 每天早晚各一次，可促进小肠蠕动，帮助消化。

## 婆婆妈妈月子餐——【豆腐芹菜汤】

材料：豆腐200克，芹菜100克。

调料：盐、食用油各适量，生抽少许。

做法：

1. 豆腐冲洗一下，切块；芹菜洗净，切段。

2. 豆腐块放入油锅内，稍微煎一下，倒入适量清水，放入芹菜段，煮熟，加入盐、生抽调味后盛入碗中，再用芹菜叶点缀一下即可。

王老师营养小课堂

芹菜富含膳食纤维，能够促进肠胃蠕动，搭配水分充足、营养丰富的豆腐食用，更有利于通便。

## 产后腹泻

新妈妈坐月子时向来注重保暖，不会受凉，为什么月子期间还会拉肚子呢？很多新妈妈对此很困惑。不妨看一看下面的解释吧！

### 产后拉肚子是怎么回事

产后排便时，大便溏泻，严重时犹如水样，这就是典型的产后腹泻。它由诸多因素造成，其中最直接的原因是受到寒湿邪气的影响。如果寒湿邪气侵袭了新妈妈，引起了感冒，就会伴有腹泻不适。

产后新妈妈吃了不适宜的食物，比如油腻滋补食物、寒凉食物、辛辣食物等，或者食入的食物蛋白质含量严重超标、饮食不够卫生等，都会导致胃肠功能紊乱，继而引发腹泻。

还有其他的原因吗?

产褥期饮食失调也是比较常见的原因之一。

## 产后拉肚子怎么办

如果新妈妈产后拉肚子,就会吸收不到足够的营养,身体素质也会逐渐下降,严重影响产后恢复,甚至会影响宝宝的健康成长。

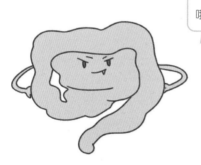

我是肠道,产后要好好养护我哦,否则我就要捣蛋,嘿嘿嘿……

### 王老师营养小课堂

产后腹泻的新妈妈由于大量地排便,身体严重缺水,会导致体内电解质紊乱。此时,新妈妈最好能够补充大量的水分。

含有氯化钠、氯化钾和葡萄糖、柠檬酸钠的补液盐也是补充液体比较理想的选择,因为它们既能补充体内流失的葡萄糖和无机盐,又能调节钾、钠等电解质平衡。胡萝卜汁、苹果汁等不但能补充水分,而且可以补充人体必需的维生素,也是腹泻后很好的补充品。

## 【做好保暖措施】

若产后着凉引起的腹泻症状比较轻微且没有引发精神不振、发烧等不适，可以不用药物治疗，只要注意保暖、多喝开水、调整饮食就可以缓解腹泻症状。

肚子不舒服，也可以用热毛巾敷一敷肚子。

月子里的新妈妈还要格外注意防寒，不要直接吹风。

给宝宝喂奶时要多穿点衣服，上厕所时也要穿厚一点，避免着凉。

## 【纠正错误饮食】

产后补养身体不一定非要吃很多含油质的食物，饮食最好是以清淡、易消化、有营养的食物为佳，不要吃得太随意，这样可以有效阻止产后拉肚子的情况发生。

## 【健康饮食推荐】

● 面食：面条含有一定量的蛋白质，比较容易被消化吸收，只是要注意，面条不要做得太过油腻。

● 白粥：喝些白粥有助于缓解腹泻症状，可以在白粥里放一点儿盐，补充电解质。

● 苹果：苹果削皮后，放在锅里蒸一蒸，不要凉着吃，可以避免肚子不适等症状。

● 红糖：用开水冲点儿红糖喝，有保暖身体的作用，对受凉拉肚子有缓解效果。

## 【药物治疗】

若拉肚子症状比较严重，最好及时就医检查，在医生的指导下适当地采用药物治疗。哺乳的妈妈不能自己随意买止泻的药物服用哦！

## 新手妈妈止泻方——【山楂麦芽饮】

材料：山楂、炒麦芽各 10 克。

做法：

1. 山楂洗净，去核。

2. 山楂、炒麦芽一起放入砂锅中，水煎15分钟。去渣取汁，每日温服即可。

王老师营养小课堂

山楂和麦芽搭配可消食、导滞、止泻，适用于产后吃得太油腻而引起的腹泻不止。

## ● 产后恶露不净

快出月子了，阴道怎么还出血呢，这到底是恶露还是月经？这正常吗？其实上述问题要根据血是什么颜色的，量有多少，以及新妈妈的分娩方式来进行判断。

恶露是判断新妈妈子宫恢复的一个"晴雨表"。如果恶露出现异常，说明新妈妈的身体可能出现了某些疾病。下面，我就给大家讲一讲恶露常见的问题，大家可以对照自己的情况，看自己是否存在恶露异常症状。

### 恶露异常的5个信号

坐月子期间，新妈妈要注意观察恶露的量、颜色、质地和气味的变化，及时了解恶露异常的信号。

如遇下述5种情况，新妈妈就要注意了：

1.恶露中有较大的血块流出，并伴有阵阵腹痛。

2.随着时间推移，尤其是产后5天之后，恶露的量不减反增，反反复复，血性恶露迟迟不转变为浆液性恶露。

3.恶露持续一个多月，淋漓不尽。

4.恶露伴有恶臭味。

5.下腹部和会阴切开处疼痛感较强，持续发热。

临床认为产后恶露不尽发生的主要原因是产后子宫复旧不良，或有感染，或胎盘、胎膜残留(胞衣不下)所致，相当于晚期产后出血。

## 你是否需要就医

产后恶露不尽可能并发贫血、感染等问题，严重者可导致不孕。若恶露出现异常应及时去妇产科就医。

● 产后出血时间延长、色紫，同时有血块、腹痛，应及时前往医院就医。

● 腹痛，伴有面色苍白、乏力、头昏、耳鸣、失眠、发热等症，应立即前往医院就医。

● 有大量失血迹象，同时还伴有出汗、口渴、心率过速、虚弱、乏力等症，应立即前往医院就医。

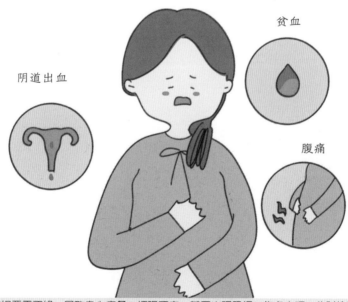

阴道出血

贫血

腹痛

Tips 新妈妈恶露不绝，易致身心疲惫，烦躁不安，甚至出现恐惧、焦虑心理。此时护理人员应与新妈妈多接触、多交谈，为其讲解有关知识，做好耐心细致的解释工作。

老公，我这样正常吗？

快！去医院！

## 饮食改善恶露不净

- 饮食宜清淡，多进食高营养和富含粗纤维的食物。
- 忌食辛辣食物，避免饮浓茶、咖啡等刺激性饮料。
- 多吃水果、蔬菜等，多饮水，最好喝点儿蜂蜜水，防止便秘。

## 排恶露的明星食材

莲藕有活血、止血的功效，非常适合新妈妈食用，尤其是生完宝宝后恶露多或是产后恶露不尽的新妈妈适当吃一些，有利于排恶露。

阿胶有补血和止血的功效，产后恶露多的新妈妈可以多吃阿胶。阿胶还能用于改善血虚萎黄、眩晕贫血等症状。

黑木耳补血的效果很好，而且有助于排出体内的脏污，适合恶露排不净的产后新妈妈食用。

### 王老师营养小课堂

7招预防产后恶露异常：

- 分娩前，积极治疗各种孕期病症，如妊娠高血压综合征、阴道炎、贫血等。
- 对胎膜早破、产程长者，给予抗生素预防感染。
- 分娩后仔细检查胎盘、胎膜是否完整，如有残留者及时处理。
- 坚持亲自哺乳，有利于子宫收缩和恶露的排出。
- 分娩后，每日观察恶露的颜色、量及气味，发现异常应立即治疗。
- 定期测量子宫收缩度，如果发现子宫收缩差，应找医生开服宫缩剂。
- 应勤换卫生棉，保持外阴清爽，保证阴道清洁，暂时禁止行房，以免受感染。

## 婆婆妈妈月子餐——【洋葱炒黑木耳】

**材料：** 黑木耳50克，洋葱100克，胡萝卜50克，葱花适量。

**调料：** 盐、食用油各适量，生抽少许。

**做法：**

1.黑木耳用温水泡发2小时，洗净根部杂质，摘成小朵，入沸水中氽烫3分钟左右；洋葱洗净，切片；胡萝卜去皮，洗净，切片。

2.热油锅，下入洋葱片，大火爆炒出香味，加入胡萝卜片、黑木耳、葱花继续翻炒，调入盐、生抽翻炒片刻，炒匀即可。

**王老师营养小课堂**

黑木耳入沸水中氽烫，不仅可以去除杂质与异味，而且能使其更容易入味，口感更佳。

## 产后身痛

产后肢体、关节莫名地酸痛、麻木，去医院却检查不出什么异常，这是怎么了？

全身酸痛难忍，实在是受不了了！

痛痛痛！我都动不了了，快救救我吧！

别担心！产后身痛一般指的是产后关节疼痛、颈肩疼痛、腰腿痛、遇寒身痛等，是产后妇女的常见症状。多注意休息，适度补钙，问题不大！

### 产后身痛的一路经历

● 怀孕期间，孕激素发生极大变化，孕妈妈的韧带会变松弛，全身关节松动，周身会出现难以言喻的酸痛不适。

● 怀孕中后期，由于胎宝宝体重和身高都在增长，孕妈妈的脊椎负荷增大，难免会引起腰酸背痛。

● 自然分娩对身体的消耗很大，有些新妈妈产后会出现全身酸痛等不适症状，这种情况一般会随着时间推移逐渐改善。

## 产后身痛是怎么回事

从中医的角度来说,产后身痛又叫"产后风",这种不明原因的身体疼痛绝对不是妈妈矫情。其原因主要有如下几点:

● 产后过度忧伤焦虑,甚至抑郁,会引起身体气血不畅,再加上身体过度疲劳,免疫力下降,也会引起产后身痛。

● 新妈妈产后毫无顾忌,空调、风扇等对着身体直吹,受风导致寒气侵入身体,也可引起产后身痛。

● 新妈妈产后不注意休息,长期一个姿势抱孩子,可能会得腕管综合征等,新妈妈会自觉手腕、肩肘酸痛。

新妈妈产后钙摄入不足,势必要动用自身骨骼中储备的钙,造成骨钙丢失,久而久之则会引起骨质疏松,而骨质疏松最常见和最主要的症状即是疼痛,所以缺钙的新妈妈全身骨痛是不足为奇的。

产后通风、透气、很重要!

但是不能直吹呀!

产后可以开窗通风,但不能直吹,容易引起产后身痛。

## 产后身痛怎么办

我媳妇全身痛得厉害，睡觉都不踏实，怎么办好呢?

饮食上注意一下，对产后身痛会有缓解作用，不妨试试吧!

● 多吃易消化、营养高的汤类，比如鲫鱼汤、鸡汤、腰花汤，既补充蛋白质，又补血。

● 产后身痛患者不能吃寒凉的食物，以免风寒入体。

● 从冰箱里拿出的食物不要立即吃，可用开水烫一下，或者放一段时间再食用。

● 多进食奶类、豆类、肉类、海产品及绿叶蔬菜等含钙丰富的食物，并进行适当活动，要常在户外晒太阳。症状严重者还要积极、有效、持续地补充钙剂。

【王老师针对产后身痛提出的4点建议】

1.平时要注意生活起居环境，避免室内潮湿，要保持心情舒畅。

2.平时要注意保暖，千万不要受风寒。

3.产妇刚生产完要在床上休息，在这期间不能做太大的动作，但是可以通过在床上翻身、抬胳膊、仰头来减少全身酸痛。

4.当产后全身酸痛症状加重，并且休息后或用其他治疗方法仍没得到缓解时，应及时到医院就诊。

# 婆婆妈妈月子餐——【参归枣鸡汤】

材料：党参、当归各15克，红枣8枚，鸡腿1只。

调料：盐适量。

做法：

1.鸡腿剁块，放入沸水中氽烫，捞起冲净。

2.党参、当归、红枣洗净，与鸡腿肉一起放入锅中，加入适量清水，大火煮开，转小火继续煮30分钟，加盐调味即可。

王老师营养小课堂

参归枣鸡汤有利于补血、活血、活络、止痛，适宜产后血虚身痛的新妈妈调养食用。

## 产后发热

产后发热是产科常见的病症之一，一般表现为产妇分娩后持续发热，或突然高热，一般多因外感、血虚、食滞、感染邪毒等引起。产后发热要比普通感冒棘手许多，因为产后新妈妈大多要哺乳，不敢乱用药物。

### 产后发热的常见原因

产后保暖一直做得很到位，怎么还会发热呢？

产后发热可不全是受凉引起的。

● 新妈妈如果发热，伴随恶露颜色变深且有恶臭，有可能是子宫感染了。

● 如果产后卫生处理不当导致感染，例如侧切伤口或剖宫产伤口护理不当，都有可能引起产后发热。

● 如果新妈妈发现自己发热并伴有乳房疼痛，应考虑是急性乳腺炎。乳汁淤积时，大量细菌繁殖会引起乳腺发炎，出现乳腺硬结，局部红、肿、热、痛等症状。如果炎症继续发展，有可能演变为乳腺脓肿。

●其他疾病，例如流感等。

妈妈生病了，还能给孩子喂奶吗?

## 哺乳期安全用药

哺乳期可不敢乱吃药，怕会影响宝宝。

实在难受的话，还是得咨询一下医生，安全用药退热。

吃不吃药，得依病情而定。

一般来说，不管是哪一种情况导致新妈妈出现产后发热，只要没有其他不适，只有发热这一种症状，大量喝温开水即可。

如果高热不退，一定要就医，选择有效的方法进行干预治疗。新妈妈发热如果超过38℃，需要在医生的指导下服用退热药。

近年来临床表明，许多药物在哺乳期服用也是安全的。因为大多数的药物只有不到5%的量会进入乳汁。通过乳汁进入宝宝体内，还需要经历诸多环节，药物在每个环节都会有"损耗"，真正进入孩子体内的药量其实很少。

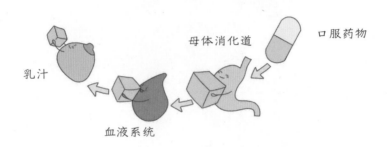

## 最安全的退热方法

● 温水擦身法：取一盆与体温差不多的温水，擦遍全身，重点擦拭腋窝、腹股沟等处。

● 横擦背脊法：用双手的大鱼际反复横擦新妈妈的背脊，力度适中，至背脊温热为宜。

---

### 王老师营养小课堂

哺乳期用药危险性分为L1~L5五个等级。

● L1 最安全：在对哺乳妇女的对照研究中没有证实对婴儿有危险，可能对喂哺婴儿的危害甚微，或者该药物婴儿并不能口服吸收利用。

● L2 较安全：在有限数量的对哺乳母亲用药研究中，没有证据显示副作用增加，和/或哺乳母亲使用该种药物有危险性的证据很少。

● L3 中等安全：没有对哺乳妇女进行对照研究，但喂哺婴儿出现不良反应的危害性可能存在，或者对照研究仅显示有很轻微的非致命性的副作用。本类药物只有在权衡对胎儿的利大于弊后方可应用。没有发表相关数据的新药自动划分至该等级，不管其安全与否。

● L4 可能危险：有明确证据表明，对喂哺婴儿有危害性，但哺乳母亲用药后的益处大于对婴儿的危害，比如母亲正处在危及生命或严重疾病的情况下，而其他较安全的药物已不能使用或无效。

● L5 禁忌：对哺乳母亲的研究已证实对婴儿有明显的危害，或者该药物对婴儿产生明显危害的风险较高；正在哺乳的母亲应用这类药物明显无益。本类药物禁用于哺乳期妇女。

## 婆婆妈妈月子餐——【白菜绿豆水】

**材料：** 白菜茎（白菜帮子）100克，绿豆50克。

**调料：** 冰糖10克。

**做法：**

1. 绿豆洗净，加清水浸泡2小时；将白菜茎洗净，切片。

2. 锅中加入清水，放入绿豆煮至五分熟，放入白菜茎片煮熟，加冰糖煮至溶化、调匀，过滤出汤汁，温服即可。

**王老师营养小课堂**

绿豆有清热解毒的功效，能够帮助新妈妈尽快退热。

## 产后失眠

几乎每个产后新妈妈都看过凌晨1点、2点的月亮……

新妈妈刚睡着，宝宝就开始哭闹；新妈妈好不容易把宝宝哄睡，刚把宝宝放到小床上，宝宝又醒了……反复循环，导致新妈妈们筋疲力尽。

刚把宝宝哄睡，怎么又哭了？

有一些新妈妈在生完宝宝之后，由于要照顾宝宝的日常起居，思虑过度，就会出现晚上睡不着的问题，对新妈妈产后恢复非常不利。

我睡不着，睡不着啊～

老婆天天睡不好，我也跟着睡不好。这种日子怎么熬？

## 产后失眠的原因

新妈妈生完宝宝以后，生理、心理上的转变，使其精神上可能会出现抑郁、焦虑、紧张，这些问题很容易导致失眠。

新妈妈过度关注宝宝，也容易引起失眠。宝宝的哭闹或翻身等，都会引来新妈妈起身查看，所以难以形成持久、稳定的睡眠。新妈妈睡眠结构被打乱，也容易引起产后失眠。

20：00 喂奶
22：22 宝宝拉便便
23：00 喂奶
00：00 宝宝尿了

自从有了宝宝，老婆都没睡过一晚好觉。

还有些原因来自新妈妈本身，比如新妈妈喜欢睡前看手机，引起大脑皮层兴奋，继而导致失眠；又比如新妈妈睡前吃得太饱、饮用了咖啡或茶等，也可能引发失眠。这些情况引发的失眠，只要改变一下饮食和生活习惯就好。

## 长期失眠的危害

体力的恢复一般是在晚上完成的，如果长期失眠，白天容易注意力不集中、昏昏欲睡、急躁焦虑、食欲减退、营养不良等。

长期失眠容易导致面色无光，皮肤暗沉、干涩，色斑及皱纹增多，还容易导致身体免疫力下降，增加患病的概率。

## 饮食促睡眠

当孕妈妈有失眠的困扰时，要尽快想办法解决。吃一些有助于睡眠的食物，搭配适当的运动，对缓解失眠有利。

| 食物名称 | 助眠功效分析 |
| --- | --- |
| 牛奶 | 牛奶所含的蛋白质中80%是乳蛋白，人体在消化乳蛋白后会产生肽。肽可以促进钙的吸收，使人的情绪稳定，有助于睡眠，同时还可以抑制血压升高、提高人体免疫力 |
| 葵花子 | 葵花子是维生素E的良好来源，每天吃一把葵花子就能满足人体一天所需的维生素E，对安定情绪很有好处。葵花子还有调节脑细胞代谢、改善其抑制机能的作用，可以改善睡眠 |
| 百合 | 百合是一种药食两用、可缓解失眠的常用食材之一，有清心除烦、宁心安神的作用，对新妈妈神思恍惚、失眠多梦等症状有明显的改善作用。 |
| 莲子 | 莲子具有补脾止泻、益肾涩精、养心安神的功效，常用于夜寐多梦、失眠健忘、心烦口渴、腰痛脚弱等症 |
| 小米 | 小米具有和胃安眠的功效，经常食用能养胃、助眠 |

## 放松安眠法

减轻失眠，首先得放松自己的身心。睡前可以适当做做放松运动，放松全身，舒缓神经，释放疲劳与压力。

● 两臂放松法：每晚睡前，身体站立，双臂自然下垂，双膝弯曲，使全身上下小幅度颤抖，两臂也随之颤抖，直至自觉全身放松为止。

● 仰卧安眠法：仰卧，将双手手掌十字交叉置于下腹部，左腿弯曲，脚心贴在右小腿内侧。舌头顶住上腭，进行腹式呼吸，并将注意力集中在下腹部。双腿交替进行。

**Tips** 放松运动幅度不宜太大，用力要适中，呼吸要均匀，自觉全身放松即可停止。

运动难道不会越来越兴奋？

睡前2小时做放松动作更合适，尽量不要接近睡觉时间做运动，以免大脑过度兴奋而影响睡眠。

## 婆婆妈妈月子餐——【莲子桂圆粥】

材料：莲子肉50克，酸枣仁20克，桂圆肉30克，糯米60克。

做法：上述食材分别洗净，一起放入锅内，大火煮沸，转小火熬煮成粥即可食用。

**王老师营养小课堂**

莲子桂圆粥是一道中国传统的药膳，材料易得且滋阴补虚，适合产后失眠以及气虚的新妈妈食用。

## ● 产后抑郁

新妈妈们辛苦怀胎十个月，就像一路闯关，好不容易平安生下宝宝，又陷入了产后悲观、消极等情绪之中，会因为"鸡毛蒜皮"的小事委屈、生气等，这就是产后抑郁的迹象。然而，许多人并不认可"产后抑郁"，认为"不就是生个孩子吗，有什么好矫情的"，但他们不知道的是"产后抑郁"是产褥期危险的"一关"。

呜呜呜……

为什么当了妈妈之后你变得这么爱哭，以前那个开朗乐观的你哪去了？

### 什么是产后抑郁症

产科将新妈妈在分娩之后，由于生理和心理因素造成的情感精神障碍疾病叫作产后抑郁症。

大概有50%~80%的女性，在分娩后的3~7天开始出现情绪不稳定、失眠、食欲下降、注意力不集中、头痛、易怒、苦恼等情况，有一部分女性产后会经历一次重度抑郁发作，发病率为15%~30%，这极大地影响了新妈妈的身心健康。

产后抑郁倾向与妈妈们生育次数并无关联，也就是说不仅会发生在初产妇身上，也可能出现在经产妇身上。

## 产后抑郁症的症状

孤独感
睡眠不好
易发脾气
无助感
焦虑
易激动
食欲不佳
无望感

产后1年内发病的所有抑郁症都叫产后抑郁症。产后抑郁症大多数发生在产后6个月内。产后抑郁的主要症状为情绪低落、落泪和不明原因的悲伤，易激惹、焦虑、害怕、恐慌等症状也很常见，也可能伴有缺乏动力、厌烦等情绪。

王老师营养小课堂

产后抑郁症还会表现出主动神经系统症状，如食欲低下、体重减轻、早睡、疲倦、乏力、便秘等。在认知方面，产后抑郁症会导致新妈妈注意力不集中、健忘、缺乏信心，较严重的，还可能有自尊心降低、产生失望感和自觉无用感等。

## 产后抑郁症的原因

大多数的产后抑郁症与新妈妈产后激素水平变化有关，多数在产后10～14天缓解，这主要是受体内激素水平急剧变化的影响，但有一部分女性在产后的数周或数月会经历一次重度抑郁发作，严重的甚至会持续到宝宝上学前。

如果新妈妈恰巧以母乳喂养为主，更容易疲惫不堪，睡眠质量差。

妈妈的产假略长于爸爸。爸爸返回职场后，对妻子关注不够使新妈妈心理产生落差，再加上有些人家里婆媳关系不和睦等，都会使产后新妈妈陷入强烈的抑郁情绪之中。

## 产后抑郁怎么办

老婆，万事有我！

● 新妈妈发现自己陷入产后抑郁中时，要积极和家人交流，表达自己的苦恼和困境，家人也要理解新妈妈的疲惫和小情绪，积极帮助新妈妈解决困难和问题，共同面对生活中各种考验，让新妈妈知道她"不是一个人在战斗"。

● 新妈妈要多注意休息。产后新妈妈在宝宝半岁以前，要抓住产后康复的黄金时间，只要有时间就多休息，尽快恢复身体元气才是最重要的。

老婆，有时间你就多休息，我来照顾宝宝。

● 如果新妈妈发现自己的情绪无法被理解，自觉痛苦不堪的时候，一定要积极地去就医，相信专业的医生一定会为你提供一些有效的建议和方法。新妈妈不能回避，也不要自行吃药，因为抗抑郁的药物一般都有严格的剂量要求，吃多或吃少都对身体无益。

老婆，别怕，我陪你去看医生。

## 合理饮食也可以抗抑郁

当产后新妈妈心情不好时，不妨多食用下面这些蕴藏快乐能量的食物，它们能够为你和宝贝提供快乐因子。

### 【色氨酸】

色氨酸可以安抚情绪，调节睡眠。研究表明，只要每天摄取3克色氨酸，就可以有效改变睡眠状况，让你拥有更多的正能量。

色氨酸的食物来源包括：鸡肉、鱼肉、蛋类、奶制品、豆制品、燕麦、香蕉等。将这些食品与含糖量较多的食物，如米饭、面食等搭配食用，更加有利于消化吸收。

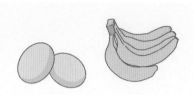

### 【叶酸】

叶酸能够有效促进肌体细胞的生长与繁殖，是抗击抑郁情绪的有力武器，也是宝宝生长发育必不可缺的营养素。产后新妈妈每日叶酸摄取量大概是400微克。

叶酸的食物来源包括：动物肝脏、荚豆类、根菜类、绿叶蔬菜、椰枣干、菜花类、全谷类、啤酒酵母等。与维生素C同食效果更佳。

### 【ω-3脂肪酸】

ω-3脂肪酸：三文鱼、沙丁鱼等鱼类富含ω-3脂肪酸，可以缓解抑郁情绪，经常食用能降低抑郁症的发病概率，让人体分泌出血清素，提升幸福感。

ω-3脂肪酸的食物来源包括：鱼类、核桃、南极磷虾和鸡蛋等。其中海水鱼中含量最高。

### 【酪氨酸】

酪氨酸具有不错的抗氧化效果，可以帮助产后新妈妈分泌多巴胺来调节情绪，也能有效防止生活压力或化学物质带来的伤害。每日适宜补充3000~5000毫克。

酪氨酸的食物来源包括：奶类及奶制品、鱼类以及新鲜水果。建议早餐前30分钟食用。

## 【钙、镁】

钙是宝宝成长发育需求最多的无机盐，也是产后恢复不可或缺的重要营养。镁则是纯天然的镇静剂。产后新妈妈多吃含钙、镁的食品，可以舒缓紧张情绪，有效维持神经系统更好地运行。

钙、镁的食物来源包括：豆制品、奶制品、菠菜、松子等。

## 【维生素E】

维生素E能够获取血液中的氧，是最重要的抗氧化剂，可以防止脑细胞老化，活跃脑细胞。

维生素E的食物来源包括：绿叶蔬菜、植物油、大豆、坚果类、麦芽。

稳定情绪，饮食上应该也有不少禁忌吧?

产后抑郁的女性尤其要注意饮食上的禁忌。

● 产后抑郁的新妈妈一定不要多吃油腻食物，如肥肉、甜点、炸糕等，以免使情绪低落状况加重。

● 少吃酸橙等水果，因为这类水果中鞣酸较多，会妨碍人体对铁的吸收，从而刺激神经。

● 产后抑郁的新妈妈吃任何刺激精神类的食物都不行，比如酒、茶、咖啡等，这类食物都会明显地加重神经衰弱症状。

Tips 当你焦虑不安或有发怒征兆时，最好马上离开使你不安的环境，闭上眼睛静静地数数，或者放慢说话的速度，深呼吸，放松。呼吸锻炼：坐在椅子上或躺在床上，先深深地吸一口气，然后尽量把气全部呼出来。反复做几次，并在呼吸时放松全身肌肉。每次做5~20分钟，每天至少做1次。

# 婆婆妈妈月子餐——【牛奶香蕉汁】

材料：牛奶250毫升，香蕉1根。

调料：白糖适量。

做法：

1.香蕉去皮，切块，放入榨汁机中。

2.倒入牛奶，搅拌榨汁。

3.倒出，加入白糖调味即可。

王老师营养小课堂

香蕉和牛奶搭配，可通便、润肠，还能消除抑郁因子，让自己的心情变美丽哦。

## ● 产后脱发

生完宝宝后，梳妆台、洗手台、地板……到处都是头发。除了每天掉落的一小把，还有孩子薅掉的一小把。看着自己那后退的发际线，真担心掉着掉着就秃顶了！

### 产后脱发的原因

产后头发异常脱落，也就是"产后脱发"，致病原因主要包括激素改变、精神因素、营养不足三大方面。

● 激素改变

妈妈在怀孕时期体内会产生大量的雌激素，生产后雌激素会自然下降，受激素影响，新妈妈的头发开始脱落，而新头发可能还没来得及长出来，就形成了脱发现象。

Tips 新妈妈产后一定要注意休息，减少熬夜，长期熬夜也会引起内分泌失调，继而导致脱发哦。

## 【精神因素】

由于外界、生理、心理等多方面因素影响，负面情绪难以排遣，这也可能导致产后脱发。负面情绪持续时间越长，脱发情况就会越严重。

情绪不好会使脱发变严重。脱发越严重，心情就变得更糟糕！

## 【营养不足】

哺乳期新妈妈对营养的需求比平时高，如果再遇上食欲不振、消化不良或者吸收差等情况，就会容易影响头发的正常生长与代谢，导致脱发。

营养跟不上，头发掉得快。

我得赶紧想个办法防止脱发。

## 产后脱发护理方法

● 新妈妈不管什么时候都要学会自我调节情绪，保持心情舒畅，缓解情绪紧张，减轻压力，以免加重脱发。

● 可以根据自己头发特性，选择适合自己的洗护用品。油性发质，最好选择清洁型的洗发水；干性发质，就要选择滋润型的洗发水。除此之外，洗头发次数也不要太勤；产后身体尚未完全恢复的这段时间里，避免对头发进行烫染；洗头发时水温不要过高；洗头发时不要用力揉搓。

● 新妈妈在洗头发时，用指腹轻轻地按摩头皮可促进头发的生长及脑部的血液循环。

● 每天用干净的木梳梳头100下可以滋养头发。梳头可由发尾开始，先将发尾打结的头发梳开，再由发根向发尾梳理，这样可以防止头发因外力而断裂。

## 饮食生发

用饮食来调理，能使头发少掉些吗？

产后脱发的新妈妈若能合理地调整饮食结构，使体内的气血充足，就可促进头发的再生，改善脱发问题。

终于不再为脱发而烦恼了！

● 多吃如牛奶、鸡蛋、瘦肉、鱼类等含有丰富蛋白质的食物，因为蛋白质是头发的生长要素。

● 多吃如胡萝卜、蘑菇、大豆及绿叶蔬菜等含有丰富维生素的食物，因为维生素可促进头发的生长，使头发更有光泽。

● 多吃如动物的肝脏、虾皮、鸡肉等含锌较多的食物，因为锌可以改善头发的组织结构，增强头发的弹性和光泽。

Tips 产后脱发大多属生理现象，如果不严重的话，无须特殊治疗，通常在9个月内会自行停止并逐渐恢复。如果脱发严重的话，可在医生的指导下服用谷维素等药物。

## 婆婆妈妈月子餐——【黄芪炖乌鸡】

材料：乌鸡1只，黄芪50克，枸杞子适量，盐少许。

做法：

1.乌鸡处理干净，用盐抹匀腌渍1小时。

2.黄芪、枸杞子洗净，黄芪切片。

3.黄芪片、枸杞子一同塞入乌鸡腹腔内，将乌鸡放入锅中，炖至鸡肉熟烂即可。新妈妈隔日食用1次。

**王老师营养小课堂**

　　乌鸡搭配黄芪，气血双补。产后易损耗阴血，阴血不能滋养皮毛就容易引起脱发。新妈妈不妨多吃些黄芪和乌鸡。

## ● 产后食欲差

孩子妈你看，这么多好吃的呢!

我没胃口。

　　产后食欲好是新妈妈身体健康的指向标，也是宝宝生长发育的物质保证。一般来说，刚刚分娩的第一周，黄体素下降，大部分新妈妈会胃口变好，只有少数新妈妈会食欲下降，这是为什么呢?

### 食欲差可没那么简单

　　●溯源：新妈妈受产后压力、天气闷热、睡眠不足、情绪波动大等因素影响，多半会出现产后食欲差的问题。

　　●危害：新妈妈分娩后的身体很虚弱，还得哺育小宝宝，需要进食补充体力。若新妈妈食欲差，营养摄入不足，对产后恢复十分不利。长时间下去，容易引起恶心、呕吐、胀气等不适症状，而且，新妈妈营养摄入不足，泌乳量和质量也会降低，宝宝容易生长发育迟缓、免疫力下降等。

　　●措施：为了减轻肠胃负担，促进消化，饮食要尽量清淡些，不要吃得太过油腻，可以喝些粥或汤，比如鱼汤、小米粥等，对促进乳汁分泌很有帮助。

## 这样吃，拯救食欲

● 少吃多餐，每餐摄入不要太多，最好固定饭量，因为食欲不振的新妈妈往往肠胃功能较弱，吃得太多的话不但不能有效吸收，反而会增加脾胃负担，引起消化不良。

● 多吃些易消化、高蛋白、高热量的食物，循序渐进地提高营养物质的摄入与吸收，比如鸡肉、鱼片等。

● 产后一周之内，最好清淡饮食，不要吃得太过油腻，以免影响消化，使食物积滞，引起恶心、呕吐等。也就是说，过早吃一些滋补汤，如鸡汤、猪蹄汤、鱼汤等，会降低新妈妈的食欲，也会阻碍营养的吸收。

● 分娩后食欲差虽然会影响新妈妈补充营养，但也不要强迫新妈妈多吃，可以混合吃一些有助于增进食欲的食物。

## 改善食欲，补充这些营养

### 【维生素B$_1$】

维生素B$_1$也称硫胺素，是脱羧辅酶的主要成分。维生素B$_1$进入人体后，经过磷酸化过程，参与碳水化合物的代谢，可改善食欲。

最佳食材来源：

● 未精制加工的谷类含有大量维生素B$_1$，如糙米、标准面粉等。

● 动物内脏、黄豆和豆制品、猪肉等都富含维生素B$_1$。

● 绿叶蔬菜中维生素B$_1$的含量也很高，如芹菜、菠菜、油菜、莜麦菜等。

### 【维生素B$_6$】

维生素B$_6$会参与人体脂肪、蛋白质的代谢，缺乏的话容易影响产后的食欲。

最佳食材来源：马铃薯、香蕉、胡萝卜、花生等。

Tips 麦芽糖中含有丰富的维生素B$_6$，食欲不振的新妈妈不妨每天少量吃一点儿甜甜的麦芽糖。

## 婆婆妈妈月子餐——【西红柿土豆炖牛腩】

**材料：** 牛腩、土豆、西红柿、洋葱各适量，生姜少许。

**调料：** 食用油适量，盐、清汤各少许。

**做法：**

1. 牛腩洗净、切成块，入锅内煮沸，撇去浮沫，捞出，清水洗净，沥水。

2. 土豆削皮、切成滚刀块；西红柿用开水烫去外皮，切成小块；洋葱、生姜分别切片。

3. 热油锅，放入生姜片，爆炒出香味，放入牛腩块、土豆块，快速翻炒，倒入西红柿块及清汤，大火烧开后改用中火，烧至牛腩块松软、土豆块散裂，放入洋葱片，撒入盐，大火收汁即可。

**王老师营养小课堂**

产后两周，若食欲不好会引起奶水不足。吃完这道菜，身体会感觉热乎乎的。西红柿和牛肉的味道浓郁，开胃又有营养，可使奶水有所增加。

**金牌月嫂有话说**

牛腩不能经常吃，一周一次即可，以免影响消化系统。

## ● 产后记忆力差

我是不是老了？

自从生了孩子后，记忆力差了不少，老是丢三落四……这样类似的经历总能引起一部分年轻新妈妈的共鸣和疑惑，难道生孩子真的能导致记忆力减退？

### 产后记忆力差的原因

雌激素不仅在女性生育中起到调节作用，同时也是一种为大脑输送信息的神经传递素。新妈妈产后体内雌激素会降低，可能会导致记忆力下降。

新妈妈产后把大部分的精力和注意力放在宝宝身上，其他事情不太放在心上，所以记得确实不是很清楚，这种情况往往会随着宝宝的长大自行恢复。

许多新妈妈产后休息不好、睡眠质量差，特别是母乳喂养的新妈妈，经常要夜里起床给宝宝喂奶，长期睡眠不足，严重影响新妈妈的注意力和记忆力。

## 日常改善记忆力

人的大脑拥有巨大潜力，如果新妈妈感觉自己的记忆力不如以前，可以通过一些健康的生活方式和脑力锻炼来提高记忆力。

都说一孕傻三年，算算我还要傻多少天？

老婆，你在干什么？

**【重视产后体检】**

新妈妈产后每隔两年要对身体进行全面检查，对疾病做到早发现、早治疗。有些疾病会影响新妈妈的脑力活动，比如高血压、高血脂等，这类疾病往往导致输送至大脑的血流量不足，可能会影响记忆力，还有一些胃肠道、心血管和抗抑郁治疗的药物，也会影响记忆力。

**【释放压力】**

新妈妈产后往往遭受很大压力，这些压力可能会激活人体内的一种酶——蛋白激酶C，它会干扰大脑中枢神经的正常工作，影响新妈妈的记忆力和判断力。新妈妈可以多做一些解压活动，比如看综艺节目、听相声、参加体育锻炼、绣十字绣等。

**【做一些脑力游戏】**

猜字游戏、拼图、摆几何方块等脑力游戏，能够有效调动大脑的积极性，对提升产后记忆力大有帮助。

## 备忘录，给"记忆"加点料

老公，我今天又忘记发快递了，我这笨脑子，该如何是好啊！

老婆，别担心。我教你做一个备忘录，咱就不再害怕会忘记重要事情了。

真的吗？你太厉害了！

俗话说得好，"好记性不如烂笔头"。新妈妈可以做一个备忘录，或者用手机下载一些不错的备忘录软件，把每天要做的事情、要买的东西等记下来。做完一项，就打√，方法简单，效果也不错，可以帮助新妈妈合理地管理和分配时间。

做个备忘录，不让记忆莫名其妙"丢失"。

## 加强营养，改善记忆

● 香蕉：香蕉所含的B族维生素能够促进身体的碳水化合物和脂肪转化为能量，帮助蛋白质代谢并帮助维持大脑细胞的正常运作；香蕉中含有大量的钾元素，能够提高记忆力。

● 鸡蛋：鸡蛋中的卵磷脂被酶分解以后，可以生产出乙酰胆碱，而乙醇胆碱通过血液可以快速进入大脑，增强记忆力。

● 牛奶：牛奶含有大脑所必需的氨基酸，经常饮用牛奶能够健脑，防止记忆力减退。

● 鱼类：鱼类可以给大脑提供蛋白质和钙，深海鱼含有的脂肪酸多为不饱和脂肪酸，可以保护脑部血管，对大脑细胞活动起到促进作用。

● 坚果：坚果类食物中含有大量的不饱和脂肪酸，还含有15%～20%的优质蛋白质和十几种重要的氨基酸，这些氨基酸都是构成脑神经细胞的主要成分。坚果中维生素$B_1$、维生素$B_2$、维生素$B_6$、维生素E及钙、磷、铁、锌等的含量也较高，这些都对大脑神经细胞有益。

我们都能帮你改善记忆力，要常吃哦！

👤 王老师营养小课堂

　　由健脑食品——核桃制成的核桃油保留了核桃中的营养精华，如丰富的亚油酸、亚麻酸等不饱和脂肪酸，还含有丰富的维生素E和多种微量元素，有助于提高身体机能，改善记忆，对宝宝的大脑发育也有益。

　　用核桃油来炒菜、凉拌、煎炸都很适合。开盖后记得要封住口，再放入冰箱内冷藏。

## 婆婆妈妈月子餐——【百合莲子核桃仁粥】

**材料：** 干百合、莲子、核桃仁各25克，枸杞子15克，黑芝麻、黑豆各30克，大米100克。

**调料：** 冰糖适量。

**做法：**

1.干百合、莲子、黑豆分别洗净，用清水泡软。

2.大米淘洗干净，与其他材料一起放入锅中，加水煮成粥即可。

**王老师营养小课堂**

核桃可为大脑提供充足的亚油酸、亚麻酸等分子较小的不饱和脂肪酸，有利于排除血管内的杂质、提高大脑功能。

# 产后腹痛

老公，救命！

老婆，你怎么了？

我小腹痛……

产后腹痛，尤其是小腹部疼痛，也是月子期间新妈妈经常会遇到的问题。

## 剖析产后腹痛的病因

### 【子宫收缩】

几乎80%的产后腹痛是由于子宫收缩引起的，一般分娩过程较短、剖宫产妈妈或者生育次数较多的妈妈容易出现。由子宫收缩引起的产后腹痛，医学上称之为"产后阵缩"，属于正常的产后不适。

### 【受寒受凉】

月子里一旦受凉或腹部触及风寒，容易血脉凝滞或气血运行不畅，刚刚"卸货"尚未完全复原的小腹容易产生痛感。

 **Tips** 此时给腹部"保暖"或者轻揉安抚一下，腹部就会舒服很多。

### 【体位不变】

长时间卧床且不改变体位，容易引起淤血滞留，致使小腹疼痛坠胀。

Tips 如果新妈妈没有其他并发症，无需用药处理。一般在产后3~5天，疼痛会自然消失。个别疼得厉害的新妈妈可以用热水袋、热盐袋敷下腹部。

## 产后腹痛的鉴别

产后腹痛大多数属于生理性腹痛，病理性比较少见。根据其产生的原因不同，可以将产后腹痛分为以下两种。

### 【功能性腹痛】

功能性腹痛多数为器质性腹痛，是由分娩过程造成腹腔内器官位置变化所致，是临床常见症状之一，可表现为急性或慢性，其临床表现为小腹隐隐作痛，喜按，恶露量少且颜色较淡，伴头晕耳鸣，大便干结等症状。

### 【感染类腹痛】

感染类腹痛表现为产后严重的腹痛，同时伴有阴道流血，恶露颜色发暗或有臭味，有些新妈妈还伴有发热，这时就要提高警惕，很可能是子宫内残留了胎盘碎块，或是产道感染，或是得了产褥热等，应及时请医生诊治。

## 产后腹痛吃什么

- 宜吃富含高蛋白的食物，比如牛奶、虾仁、牛肉、鸡肉、豆类及其制品等。
- 宜吃富含维生素的食物，比如新鲜的蔬菜和水果。
- 宜吃凉血、止血的食物，比如冬瓜、黄瓜、猕猴桃、柠檬、荷叶、苦瓜等。

 王老师营养小课堂

还有一些生活细节需要注意：

- 月子期要注意保暖防风，尤其要注意对下腹部的保暖，即使是炎热的夏季也忌用冷水洗浴。
- 卧床期间随时改变体位，可以适当下床进行活动。
- 保持心情愉快，有利于缓解产后腹痛。

## 婆婆妈妈月子餐——【荷叶苦瓜粥】

材料：苦瓜40克，干荷叶10克，大米100克。

调料：盐少许。

做法：

1.苦瓜洗净，除去瓜瓤，用冷水浸泡后捞出，切成丁；大米洗净。

2.干荷叶水煎取汁。

3.大米放入荷叶汁中，大火煮沸，加入苦瓜丁，改用小火熬煮至粥熟，调入盐即可。

王老师营养小课堂

本品适合酷暑时节的月子期间食用，有助于预防和改善产后腹痛。

# 附录1：不同职业新妈妈的产后餐

## 脑力型

### 【枸杞叶蛋花汤】

**材料：** 枸杞叶500克，鸡蛋1个。

**调料：** 盐少许。

**做法：**

1. 枸杞叶摘下，洗干净，装盘备用。

2. 起锅烧水，水沸腾后将枸杞叶下锅，待水再次沸腾后将鸡蛋轻轻磕破，快速撒进锅里。

3. 用汤勺尽快搅拌锅内食材，可以看见鸡蛋液在沸水中变成好看的鸡蛋花后关火。

4. 出锅之前放盐调味即成。

### 【莲子猪心汤】

**材料：** 莲子20克，猪心1个。

**调料：** 食盐、生抽各适量。

**做法：**

1. 莲子洗净；猪心洗净切片备用。

2. 起锅烧水，待水沸腾后下猪心片和莲子，水再次沸腾后转小火慢炖30分钟。

3. 加入食盐、生抽等调味即成。

 金牌月嫂有话说

　　这两道汤有补脑安神、补血养心的功效，对脑力劳动者又是刚生产完的妈妈来说，能够有效改善心神不宁、记忆力减退等症状。

# 久坐型

### 【木耳瘦肉汤】

材料：木耳30克，瘦肉300克，红枣20颗。

调料：盐、生抽、料酒、淀粉各适量。

做法：

1.红枣去核切片；木耳用温水泡开，去蒂洗净备用；瘦肉洗净切条，用生抽、料酒、淀粉腌渍10分钟。

2.锅中加入适量清水，放入木耳和红枣，小火煲20分钟后加入瘦肉条，将瘦肉条煲熟，放盐调味即可。

### 【瑶柱冬瓜玉米汤】

材料：冬瓜200克，瑶柱30克，玉米粒适量。

调料：盐少许。

做法：

1.瑶柱用水浸软，洗净撕碎；冬瓜去皮洗净切丁；玉米粒清洗干净备用。

2.锅中加水和瑶柱碎，先用大火煮沸后，改为小火煲20分钟，然后放入冬瓜丁。

3.再次煮沸后放玉米粒煮熟，加盐调味即可。

# 劳动型

### 【当归补骨汤】

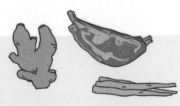

材料：羊肉、当归、黄芪、党参、葱段、姜片各适量。

调料：盐适量。

做法：

1.羊肉清洗干净，备用；当归、黄芪、党参装入纱布袋后，连同羊肉一起放入砂锅内。

2.放入葱段和姜片，注入适量清水，用大火煮开后，改用小火炖至羊肉熟烂，最后加盐调味即可。

# 高血压

饮食降压只能稳定血压，高血压患者还得靠药物降压，记得要遵医嘱用药。

## 【西芹炒百合】

材料：西芹200克，新鲜百合150克，熟腰果若干。

调料：精盐1小匙，白糖1小匙，食用油适量。

做法：

1.西芹择去筋，洗净，切成较薄的段；新鲜百合去蒂洗净，掰成片备用。

2.锅内放油烧热，放入西芹段炒至五成熟，加熟腰果、百合片、白糖翻炒均匀，出锅前加盐调味即可。

## 【五彩拌菜】

材料：绿甘蓝、紫甘蓝各100克，青椒、胡萝卜各50克，虾皮适量，鸡蛋1个，大蒜适量。

做法：

1.双色甘蓝、青椒、胡萝卜洗净后都切成粗丝；鸡蛋打入碗中；大蒜切成碎末。

2.锅中放入适量水，将水烧至沸腾后，将绿甘蓝丝、紫甘蓝丝分别放入锅中进行焯水处理，焯至变软后捞出，沥干水分，放入盆中。

3.将切好的青椒丝、胡萝卜丝、虾皮、蒜末也放入盆中。

4.平底锅置于炉灶上烧热，将蛋液缓缓倒入锅中，转动锅让蛋液摊开成圆饼状，凝固后将蛋饼放在菜板上切成细丝，也放入盆中，加入调料拌匀即可。

# 高血糖

实际上，没有什么食物可以取代药物达到真正的降糖作用，但是可以结合许多食物的特性，帮助产后妈妈做到既减少糖分摄入，又能补充营养。

## 【凉拌海蜇皮】

**材料：**海蜇皮300克，黄瓜半根，辣椒1个，蒜蓉和姜末各5克。

**调料：**醋、生抽、香油各适量。

**做法：**

1.海蜇皮提前一天用清水浸泡后冲洗干净；黄瓜和辣椒切丝备用。

2.海蜇皮切丝，放入锅中焯水片刻，捞出浸冷水备用。

3.海蜇丝、黄瓜丝和辣椒丝加蒜蓉、姜末、醋、生抽和香油拌匀即可。

## 【莴笋炒肉】

**材料：**瘦肉300克，莴笋1根，青辣椒1个，红辣椒半个。

**调料：**蚝油、豆瓣酱、盐、食用油各适量。

**做法：**

1.莴笋削皮，洗干净切片；青、红辣椒切块；瘦肉切片备用。

2.热锅凉油，下肉片大火翻炒，可以根据自己的习惯加一勺豆瓣酱。

3.待瘦肉片变色后下莴苣片、青辣椒块和红辣椒块继续翻炒均匀，倒入蚝油、盐，翻炒2分钟即可出锅。

 **金牌月嫂有话说**

莴苣含有较丰富的烟酸，烟酸是胰岛素激活剂，经常食用对防治糖尿病有所帮助。莴苣可以刺激胃肠蠕动，对糖尿病引起的胃轻瘫以及便秘有辅助治疗作用，还能给产后新妈妈补充维生素，有糖尿病的新妈妈可以放心食用。

# 高脂血症

对高脂血症的妈妈来说，既要保证营养均衡，又不能大补特补，所以通过一些食疗菜肴、茶饮等有效调节高血脂是不错的选择。

## 【决明子菊花粥】

材料：决明子15克，白菊花10克，粳米100克。

调料：冰糖适量。

做法：将决明子放入锅内，炒到微有香气时取出，待冷却后，与白菊花同煮，取汁去渣，然后放入洗干净的粳米，待粳米熟烂，加入冰糖，煮沸后即可食用。

## 【枸杞槐花茶】

材料：枸杞子20克，槐花15克。

做法：将二者混合均匀后，分3～5次放入杯中，用沸水冲沏，代茶饮用。

## 【烤西红柿茄子】

材料：茄子1根，西红柿100克，蘑菇50克，大蒜30克，生姜15克，葱10克。

调料：米醋、生抽、盐各适量。

做法：

1.茄子洗干净，擦干水分后放在案板上，去掉头部，从中间竖着切一刀，但底部不要切断。

2.西红柿、蘑菇洗净，切成薄片；大蒜去皮，也切成薄片。

3.西红柿片、蘑菇片塞到切开的茄子里，然后在茄子的两边各开3个小口，把蒜片塞进这3个小口里，做成类似于扇子的形状。

4.生姜、葱洗净，切碎，然后用压蒜器压出汁。把葱姜汁跟米醋、生抽、盐都放一个碗里拌匀，酱汁就做好了。

5.茄子放进预热好的烤箱里，用175℃烤40分钟左右。

6.酱汁倒进锅里，加入少许水搅匀，等茄子烤好之后把酱汁浇到上面即可。

# 本书特配

## 孕育通关宝典

### 给您从孕期到产后的全方位呵护

扫描本书二维码，获取正版专属资源

智能阅读向导为您严选以下专属服务

**产后知识百科**

帮你总结产后各阶段的
注意事项、必备知识

**膳食营养指南**

教你营养搭配方法，
吃对三餐，母婴健康

**科学育儿早教**

让宝宝健康成长，
助您找准育儿方向

**心理健康课堂**

帮你缓解心理压力，
有效预防产后抑郁

- 产后恢复：简单动作跟着做，加快你的产后恢复进程
- 婴儿护理：婴幼儿护理及喂养知识，助力宝宝健康成长
- 科学早教：教新手爸妈在家轻松早教，培养优秀宝宝
- 读者交流群：邀你加入专属社群，分享交流孕期与育儿经验

扫码添加
智能阅读向导

操作步骤指南

① 微信扫描左侧二维码，选取所需资源。
② 如需重复使用，可再次扫码或将其添加到微信"📦收藏"。